標準レベル **1**

整数と小数

時間 **20分**　得点

合格 **40点**　／50点

1 次の問いに答えなさい。(2点×6)

(1) 3.14 を 10 倍，100 倍，1000 倍した数を書きなさい。

10倍（　　　　　）　100倍（　　　　　）　1000倍（　　　　　）

(2) 24.3 を $\frac{1}{10}$，$\frac{1}{100}$，$\frac{1}{1000}$ にした数を書きなさい。

$\frac{1}{10}$（　　　　　）　$\frac{1}{100}$（　　　　　）　$\frac{1}{1000}$（　　　　　）

2 次の問いに答えなさい。(2点×3)

(1) 1 つの小数を $\frac{1}{100}$ にすると，小数点は左右どちらに何けた移るか書きなさい。

（　　　　　）

(2) 13.4 は 0.134 を何倍した数か書きなさい。

（　　　　　）

(3) 0.0403 は 40.3 を何分の 1 にした数か書きなさい。

（　　　　　）

3 次の□□にあてはまる数を書きなさい。(3点×4)

(1) 1020 g = □ kg　　(2) 215 cm = □ m

(3) 1.234 L = □ dL　　(4) 325 mm = □ m

4 右の□に 0，1，2，3 の 4 つの数字を 1 つずつあてはめて小数をつくるとき，次の問いに答えなさい。(2点×4)

□.□□□

(1) 最も小さい小数を書きなさい。

（　　　　　）

(2) 最も大きい小数を書きなさい。

（　　　　　）

(3) 小さいほうから 3 番目の小数を書きなさい。

（　　　　　）

(4) 2 に最も近い小数を書きなさい。

（　　　　　）

5 次の計算をしなさい。(2点×6)

(1) 19.1×10　　　　(2) 0.072×100

(3) 8.3÷10　　　　(4) 14.5÷100

(5) 0.0034×1000　　(6) 2.31÷1000

時間	得点
30分	
合格	
35点	50点

上級レベル **2** 整数と小数

---

1 次の問いに答えなさい。(3点×3)

(1) 0.0349 を 1000 倍した数を書きなさい。

（　　　　　　　）

(2) 0.45 の $\dfrac{1}{1000}$ の数を書きなさい。

（　　　　　　　）

(3) 24.5 の $\dfrac{1}{100}$ の数を 10 倍した数を書きなさい。

（　　　　　　　）

2 0から9までの10個の数字の中から4個の数字を使って，右の□にあてはめて小数をつくるとき，次の問いに答えなさい。(3点×5)

□□.□□

(1) 最も小さい小数を書きなさい。

（　　　　　　　）

(2) 最も大きい小数を書きなさい。

（　　　　　　　）

(3) 30 に最も近い小数を書きなさい。

（　　　　　　　）

(4) 90 に最も近い小数を 100 倍した数と $\dfrac{1}{1000}$ にした数を書きなさい。

100倍（　　　　　　　）　$\dfrac{1}{1000}$（　　　　　　　）

---

3 次の□□にあてはまる数を書きなさい。(2点×4)

(1) 7600 g－4.8 kg＝□ kg

(2) 230 cm＋1.2 km＝□ m

(3) 3.56 dL＋2.5 L＝□ L

(4) 670 mm－12 cm＝□ m

4 次の問いに答えなさい。(3点×4)

(1) 4.5 kg のさとうを，毎日 100 g ずつ使うと何日でなくなりますか。

（　　　　　　　）

(2) 長さ 9.5 m のひもを，10 人で同じ長さずつ分けると 1 人分の長さは何 m ですか。

（　　　　　　　）

(3) 1 まいの面積が 1.44 cm² の正方形の紙を，たて，横に 10 まいずつすきまなくならべてできる正方形の面積は何 cm² ですか。

（　　　　　　　）

(4) 540 mm を 100 等分したときの 1 つ分の長さは何 cm ですか。

（　　　　　　　）

5 次の問いに答えなさい。(3点×2)

(1) 小数第二位を四捨五入して 4.8 になる数のはん囲はいくつ以上いくつ未満か求めなさい。

（　　　　　　　）

(2) 小数第一位を四捨五入して 125 になる数のうち，いちばん小さい数を求めなさい。

（　　　　　　　）

時間 20分	得点
合格 40点	50点

標準レベル 3　倍数と公倍数

1 次の問いに答えなさい。（2点×4）

(1) 次の整数を偶数と奇数に分けなさい。

0，24，31，99，154，348，677，1251

偶数（　　　　　　　　　　　　　　　　）

奇数（　　　　　　　　　　　　　　　　）

(2) 10から50までの整数の中に，奇数は何個ありますか。

（　　　　　　）

(3) 偶数と奇数の和は，偶数，奇数のどちらになりますか。

（　　　　　　）

2 次の問いに答えなさい。（4点×4）

(1) 4の倍数を小さいほうから4つ書きなさい。

（　　　　　　）

(2) 11の倍数を小さいほうから4つ書きなさい。

（　　　　　　）

(3) 2と5の公倍数を小さいほうから4つ書きなさい。

（　　　　　　）

(4) 6と8の最小公倍数を求めなさい。

（　　　　　　）

3 次の問いに答えなさい。（4点×4）

(1) 7の倍数で，小さいほうから9番目の数を求めなさい。

（　　　　　　）

(2) 1から100までの中に，15の倍数は何個あるか求めなさい。

（　　　　　　）

(3) 8と12の公倍数で，小さいほうから7番目の数を求めなさい。

（　　　　　　）

(4) 12と15の最小公倍数を求めなさい。

（　　　　　　）

4 12分おきに発車する電車と，18分ごとに発車するバスがあります。午前9時に電車とバスが同時に発車しました。これについて，次の問いに答えなさい。（5点×2）

(1) 次に電車とバスが同時に発車する時こくを求めなさい。

（　　　　　　）

(2) 午前9時から午後3時までに，電車とバスが同時に発車する回数を求めなさい。

（　　　　　　）

上級レベル **4** 倍数と公倍数

時間 **30分**	得点
合格 **35点**	50点

学習日〔　月　日〕

1 A，B，C，Dの4つの整数があります。AとBは偶数で，CとDは奇数です。このとき，次のそれぞれの計算の結果は，偶数になるか奇数になるか答えなさい。どちらの場合もある場合は△で答えなさい。(3点×2)

(1) A＋B＋C＋D

(2) (A＋B)÷2

(　　　　　)　　　　　(　　　　　)

2 100より小さい6の倍数について，次の問いに答えなさい。(4点×3)

(1) 小さいほうから3つ書きなさい。

(　　　　　)

(2) 全部で何個あるか求めなさい。

(　　　　　)

(3) 100に最も近い数を求めなさい。

(　　　　　)

3 次の数の組の最小公倍数を求めなさい。(4点×3)

(1) (3, 4, 8)　　　(2) (16, 24, 48)　　　(3) (42, 63, 105)

(　　　　　)　　(　　　　　)　　(　　　　　)

4 6と9の公倍数について，次の問いに答えなさい。(4点×3)

(1) 最小公倍数を求めなさい。

(　　　　　)

(2) 小さいほうから5番目の数を求めなさい。

(　　　　　)

(3) 300に最も近い数を求めなさい。

(　　　　　)

5 次の問いに答えなさい。(4点×2)

(1) 6分ごと，7分ごと，14分ごとに発車する電車が午前6時に同時に発車しました。次に3つの電車が同時に発車するのは何時何分ですか。

(　　　　　)

(2) 右の図のような台形の紙がたくさんあります。この紙をすきまなくならべて，できるだけ小さな正方形をつくるとき，この台形の紙を全部で何まい使うか求めなさい。

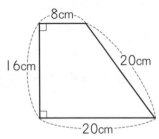

(　　　　　)

標準
レベル
5 約数と公約数

時間	20分	得点	
合格	40点		50点

1 次の問いに答えなさい。(4点×3)

(1) 24 の約数を，小さいほうから順に書きなさい。

（　　　　　　　　　）

(2) 12 と 18 の公約数を，小さいほうから順に書きなさい。

（　　　　　　　　　）

(3) 15 と 20 の最大公約数を求めなさい。

（　　　　　　　　　）

2 次の問いに答えなさい。(5点×3)

(1) 42 の約数は全部で何個ありますか。

（　　　　　　　　　）

(2) 72 の約数は全部で何個ありますか。

（　　　　　　　　　）

(3) 24 と 54 の公約数は全部で何個ありますか。

（　　　　　　　　　）

3 次の問いに答えなさい。(5点×3)

(1) 56 の約数のうち，奇数をすべて書きなさい。

（　　　　　　　　　）

(2) 40 をわると 4 余る数をすべて書きなさい。

（　　　　　　　　　）

(3) 1 けたの数でその約数のすべての和がその数の 2 倍になっている数を求めなさい。

（　　　　　　　　　）

4 えん筆が 45 本，ボールペンが 27 本あります。えん筆とボールペンの両方を，できるだけ多くの子どもに同じ数ずつ余りがないように分けます。何人の子どもに分けられるか求めなさい。(4点)

（　　　　　　　　　）

5 たて 48 cm，横 36 cm の長方形の紙があります。この紙を，同じ大きさのできるだけ大きな正方形に切り分けると，1 辺が何 cm の正方形になりますか。また，正方形は何まいできるか求めなさい。(4点)

（1辺　　　　　，まい数　　　　　）

5

上級
レベル **6** 約数と公約数

1 次の10個の整数について，下の問いに答えなさい。（5点×3）

1, 7, 9, 12, 13, 14, 19, 21, 28, 112

(1) 84の約数になっている整数をすべて書きなさい。

（　　　　　　）

(2) 約数の個数が3個の整数を書きなさい。

（　　　　　　）

(3) 21と28の公約数を小さいほうから書きなさい。

（　　　　　　）

2 36と120の公約数のすべての和を求めなさい。（5点）

（　　　　　　）

3 次の数の組について最大公約数を求めなさい。（5点×2）
(1)（12, 16, 20）　　　　(2)（40, 56, 64）

（　　　　　　）　　　　　　　　（　　　　　　）

4 次の問いに答えなさい。（4点×5）

(1) あるクラスの児童全員に，色紙147まい，えん筆99本を同じ数ずつできるだけたくさん配ったところ，色紙は19まい，えん筆は3本余りました。このクラスの児童数を求めなさい。

（　　　　　　）

(2) みかんが80個あります。このみかんを，子どもたちにできるだけ多く同じ数ずつ分けたところ16個余りました。子どもの人数として，考えられる人数をすべて求めなさい。

（　　　　　　）

(3) えん筆182本，ノート78冊，消しゴム52個を，余りがないように，できるだけ多くの子どもに同じ数ずつ分けようとすると，何人の子どもに分けることができるか求めなさい。

（　　　　　　）

(4) 約数を3個しかもたない整数のうち，小さいほうから3番目の整数と4番目の整数の和を求めなさい。

（　　　　　　）

(5)【A】は整数Aの約数すべての和を表します。たとえば，【3】＝1＋3＝4 となります。このとき，【【12】】＋【5】×【4】 を求めなさい。

（　　　　　　）

時間	得点
30分	
合格 **40点**	50点

標準レベル 7 倍数と約数の応用

1 次の問いに答えなさい。（4点×6）

(1) 1 から 100 までの整数の中に, 7 の倍数は何個あるか求めなさい。

（　　　　　　）

(2) 100 から 200 までの整数の中に, 9 の倍数は何個あるか求めなさい。

（　　　　　　）

(3) 1 から 50 までの整数の中に, 2 の倍数または 3 の倍数は何個あるか求めなさい。

（　　　　　　）

(4) 50 から 100 までの整数の中に, 4 の倍数または 5 の倍数は何個あるか求めなさい。

（　　　　　　）

(5) 2 けたの整数で, 4 でも 6 でもわり切れる整数は何個あるか求めなさい。

（　　　　　　）

(6) 6 でわっても, 8 でわっても, 12 でわってもわり切れる整数のうち, 200 に最も近い整数を求めなさい。

（　　　　　　）

2 次の問いに答えなさい。（4点×2）

(1) 十の位の数字がわからない 3 けたの 3 の倍数, 8□1 があります。□にあてはまる数字をすべて求めなさい。

（　　　　　　）

(2) 百の位の数字がわからない 5 けたの 9 の倍数, 26□76 があります。□にあてはまる数字を求めなさい。

（　　　　　　）

3 次の問いに答えなさい。（4点×3）

(1) 0, 2, 4, 5 の数字を 1 つずつ使ってつくった 4 けたの整数のうち, 最も小さな偶数と, 最も大きな奇数を書きなさい。

（偶数　　　　　, 奇数　　　　　）

(2) 47 と 72 をある整数でわるとどちらも 2 余りました。このような整数の中で最も大きい整数を求めなさい。

（　　　　　　）

(3) 36, 60, 76 をある整数でわるとどれも 4 余りました。このような整数の中で最も大きい整数を求めなさい。

（　　　　　　）

4 6 分ごと, 8 分ごと, 12 分ごとに発車する電車が午前 6 時に同時に発車しました。午後 3 時までに, 3 つの電車が同時に発車する回数を求めなさい。（6点）

（　　　　　　）

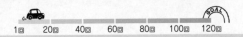
上級レベル 8　倍数と約数の応用

1 次の問いに答えなさい。（4点×5）

(1) 6 でわると 2 余り，4 でわるとわり切れる整数で，小さいほうから 5 番目の数を求めなさい。

（　　　　　）

(2) 5 でわっても 7 でわっても 2 余る 2 けたの整数をすべて求めなさい。

（　　　　　）

(3) 2 けたの整数で，6 でわると 4 余り，10 でわると 8 余る整数のうち，十の位が奇数のものを求めなさい。

（　　　　　）

(4) 2 でわっても，3 でわっても，5 でわっても，1 余る 2 けたの整数をすべて求めなさい。

（　　　　　）

(5) 3 でわると 1 余り，5 でわると 3 余る，最も大きい 2 けたの整数を求めなさい。

（　　　　　）

2 次の問いに答えなさい。（4点×6）

(1) 75 をわると 3 余り，56 をわると 2 余る数の中で最も小さい数を求めなさい。

（　　　　　）

(2) 26 をわると 2 余り，63 をわると 3 余り，76 をわると 4 余る数の中で最も小さい数を求めなさい。

（　　　　　）

(3) 表に 2 から 20 までの整数を，うらには表の数の約数の個数が書かれたカードがあります。うらに 3 と書かれてあるカードの表の数をすべて書きなさい。

（　　　　　）

(4) 300 m のきょりを 120 等分する地点に赤い旗を立て，150 等分する地点に白い旗を立てました。このとき，赤い旗と白い旗が重なる地点は何か所ありますか。ただし，始まりと終わりには旗を立てないものとします。

（　　　　　）

(5) 2 つの整数があり，その和は 180 で，最大公約数は 36 です。この 2 つの整数の組をすべて求めなさい。

（　　　　　）

(6) 2 つの整数 A と 105 があります。この 2 つの整数の最大公約数は 21，最小公倍数は 630 です。整数 A を求めなさい。

（　　　　　）

3 連続した 9 つの整数が 1 つずつ書いてある 9 まいのカードがあります。3 の倍数が書かれたカードの数をすべて加えると 36 になり，2 の倍数が書かれたカードの数をすべて加えると 52 になります。**カードに書かれた整数の中で最も大きい整数を求めなさい。**（6点）

（　　　　　）

時間	得点
20分	
合格	
40点	_____ 50点

標準レベル 9　約分と通分

1 次の ア ～ カ にあてはまる数を求めなさい。（2点×6）

(1) $\dfrac{2}{3} = \dfrac{\boxed{ア}}{6}$

(2) $\dfrac{12}{\boxed{イ}} = \dfrac{3}{5}$

(3) $\dfrac{12}{30} = \dfrac{\boxed{ウ}}{15} = \dfrac{4}{\boxed{エ}}$

(4) $\dfrac{2}{\boxed{オ}} = \dfrac{16}{24} = \dfrac{\boxed{カ}}{45}$

ア（　　　） イ（　　　） ウ（　　　） エ（　　　） オ（　　　） カ（　　　）

2 次の分数を約分しなさい。（2点×6）

(1) $\dfrac{2}{6}$

(2) $\dfrac{3}{12}$

(3) $\dfrac{4}{16}$

（　　　）　（　　　）　（　　　）

(4) $\dfrac{14}{28}$

(5) $\dfrac{48}{60}$

(6) $\dfrac{51}{78}$

（　　　）　（　　　）　（　　　）

3 次の分数の中で，これ以上約分できない分数をすべて選び，番号を書きなさい。（2点）

① $\dfrac{8}{12}$　② $\dfrac{16}{21}$　③ $\dfrac{25}{51}$　④ $\dfrac{75}{48}$　⑤ $\dfrac{91}{52}$

（　　　）

4 次の分数を通分しなさい。（3点×6）

(1) $\left(\dfrac{2}{3},\ \dfrac{3}{4}\right)$

(2) $\left(\dfrac{1}{2},\ \dfrac{2}{5}\right)$

(3) $\left(\dfrac{3}{8},\ \dfrac{1}{12}\right)$

（　　　）　（　　　）　（　　　）

(4) $\left(\dfrac{2}{3},\ \dfrac{3}{4},\ \dfrac{4}{5}\right)$

(5) $\left(\dfrac{2}{5},\ \dfrac{5}{8},\ \dfrac{9}{10}\right)$

(6) $\left(\dfrac{1}{3},\ \dfrac{3}{7},\ \dfrac{5}{21}\right)$

（　　　）　（　　　）　（　　　）

5 次の問いに答えなさい。（2点×3）

(1) 次の分数の中で，最も大きい分数を選び，番号を書きなさい。

① $\dfrac{3}{8}$　② $\dfrac{5}{12}$　③ $\dfrac{1}{4}$

（　　　）

(2) 分母が 5 から 20 までの分数で，$\dfrac{3}{4}$ と同じ大きさの分数をすべて書きなさい。

（　　　）

(3) 分子が 10 から 30 までの分数で，$\dfrac{7}{9}$ と同じ大きさの分数をすべて書きなさい。

（　　　）

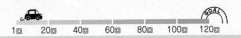
上級レベル 10　約分と通分

1 次の分数を通分しなさい。（3点×2）

(1) $\left(\dfrac{2}{3}, \dfrac{3}{4}, \dfrac{4}{5}, \dfrac{5}{6} \right)$

(2) $\left(\dfrac{1}{2}, \dfrac{3}{5}, \dfrac{2}{15}, \dfrac{1}{60} \right)$

(　　　　　　　）　　（　　　　　　　）

2 次の問いに答えなさい。（5点×4）

(1) 分母が42で，分子に11を加えて約分すると $\dfrac{2}{3}$ になる分数を求めなさい。

（　　　　　　　）

(2) 分子が11の分数があります。この分数の分子と分母からそれぞれ3をひいて約分すると $\dfrac{2}{3}$ になります。この分数を求めなさい。

（　　　　　　　）

(3) 分子と分母の和が135で，約分すると $\dfrac{4}{11}$ になる分数を求めなさい。

（　　　　　　　）

(4) 分子と分母の差が42で，約分すると $\dfrac{7}{9}$ になる分数を求めなさい。

（　　　　　　　）

3 次の問いに答えなさい。（4点×4）

(1) $\dfrac{7}{8}$ より大きく $\dfrac{9}{10}$ より小さい分数で，分子が63であるものを求めなさい。

（　　　　　　　）

(2) $\dfrac{1}{3}$ より大きく $\dfrac{2}{5}$ より小さい分数で，分母が20であるものを求めなさい。

（　　　　　　　）

(3) $\dfrac{4}{15}$ より大きく $\dfrac{11}{18}$ より小さい分数で，分母が10であるもののうち，それ以上約分できない分数を求めなさい。

（　　　　　　　）

(4) $\dfrac{5}{8}$ より大きく $\dfrac{5}{6}$ より小さい分数で，分母が72であるもののうち，それ以上約分できない分数の個数を求めなさい。

（　　　　　　　）

4 10を分母とする分数を，小さいほうから順に30個ならべました。これについて，次の問いに答えなさい。（4点×2）

$$\dfrac{1}{10}, \dfrac{2}{10}, \dfrac{3}{10}, \dfrac{4}{10}, \dfrac{5}{10}, \dfrac{6}{10}, \dfrac{7}{10}, \dfrac{8}{10}, \cdots\cdots, \dfrac{29}{10}, \dfrac{30}{10}$$

(1) 約分すると整数になる分数の個数を求めなさい。

（　　　　　　　）

(2) これ以上約分できない分数の個数を求めなさい。

（　　　　　　　）

11 最上級レベル ①

学習日 [　　月　　日]

時間 30分	得点
合格 35点	50点

1 次の問いに答えなさい。(5点×5)

(1) ある数を 10 倍するところを，まちがえて 100 倍したため，正しい答えより 28.8 大きくなりました。ある数を求めなさい。

（　　　　　）

(2) 3けたの整数について，次の問いに答えなさい。
① 3 でわり切れる整数は全部で何個ありますか。

（　　　　　）

② 3 でわると 1 余り，4 でわると 2 余る整数は全部で何個ありますか。

（　　　　　）

(3) ☐ にあてはまる整数は何個ですか。 〔法政大第二中〕

$$\frac{3}{5} < \frac{\boxed{}}{15} < \frac{6}{7}$$

（　　　　　）

(4) 10 以上 50 以下の数で 2 でも 3 でもわり切れる数のうち，4 でわると 2 余る数は何個ありますか。 〔東海大付属浦安中〕

（　　　　　）

2 次の問いに答えなさい。(5点×2)

(1) たて 143 cm，横 221 cm の長方形の板があります。この板を，余りが出ないようにできるだけ大きな同じ大きさの直角二等辺三角形の板に切り分けるとき，直角二等辺三角形の板は何まいできますか。

（　　　　　）

(2) ことなる 3 つの整数の A，B，C があります。A，B，C の和は 90 で，A，B，C の最大公約数は 10 です。このとき，A，B，C の最小公倍数として考えられる数をすべて書きなさい。 〔専修大松戸中〕

（　　　　　）

3 ある整数について，偶数ならば 2 でわり，奇数ならば 1 を加えるというそうさをします。次の問いに答えなさい。(5点×3) 〔巣鴨中一改〕

(1) 17 に，このそうさを 5 回くり返すといくつになりますか。

（　　　　　）

(2) ある整数に，このそうさを 3 回くり返すと 10 になりました。その整数をすべて答えなさい。

（　　　　　）

(3) 753 に，このそうさを何回くり返すとはじめて 1 になりますか。

（　　　　　）

12 最上級レベル 2

学習日〔　月　日〕

時間	30分	得点
合格	35点	50点

1 次の問いに答えなさい。(6点×5)

(1) ある小数に対して, その小数の小数点を2けた右に移した小数をつくります。この小数ともとの小数をたすと, 217.857になります。ある小数を求めなさい。

(2) 1から200までの数の中でAとBの性質を同時にもつ整数の集まりを考えます。これについて, あとの問いに答えなさい。
A　5の倍数より2多い　　B　9の倍数より1少ない
① この性質をもつ数で100に2番目に近い数を求めなさい。

② この性質をもつ数のすべての和を求めなさい。

(3) 約分すると $\frac{3}{4}$ になり, 分母と分子をかけると588になる分数があります。この分数を求めなさい。

(4) 6を加えると7の倍数になり, 7を加えると6の倍数になる最小の整数を求めなさい。〔明治大付属中野八王子中〕

2 25個の箱に, 1から25までの番号がついています。また, 出席番号が1番から25番までの25人の児童がいます。この25人の児童がそれぞれ自分の出席番号の倍数の番号のすべての箱の中に, ボールを1個ずつ入れました。ボールが3個入っている箱の番号をすべて書きなさい。(5点)

3 ある果物店では, レモン1個を84円, ゆず1個を98円, りんご1個を141円, もも1個を210円で売っています。たろう君がそれぞれの果物を何個かずつ買ったら, 代金は1587円になりました。たろう君はりんごを何個買いましたか。(5点)

4 たて2cm, 横1cmの板がたくさんあります。これらをすきまなくしきつめて正方形をつくります。次の問いに答えなさい。ただし, 板は切らないものとします。(5点×2)〔東海大付属浦安中一改〕

(1) 考えられる正方形の中で, 3番目に小さい正方形をつくるには板は何まい使いますか。

(2) 40まい以上100まい以下の板を使ったとき, 何種類の大きさの正方形ができますか。

時間	得点
20分	
合格	
40点	50点

標準レベル 13　分数のたし算とひき算

1 次の計算をしなさい。（3点×6）

(1) $\dfrac{2}{3} + \dfrac{1}{9}$

(2) $\dfrac{3}{8} - \dfrac{1}{4}$

(3) $\dfrac{1}{3} + \dfrac{1}{2}$

(4) $\dfrac{3}{4} - \dfrac{3}{5}$

(5) $\dfrac{3}{10} + \dfrac{5}{14}$

(6) $\dfrac{7}{12} - \dfrac{7}{24}$

2 次の計算をしなさい。（3点×4）

(1) $1\dfrac{1}{2} + \dfrac{2}{3}$

(2) $1\dfrac{5}{8} - \dfrac{1}{6}$

(3) $1\dfrac{5}{14} + 1\dfrac{1}{21}$

(4) $2\dfrac{14}{15} - 1\dfrac{9}{10}$

3 次の問いに答えなさい。（5点×4）

(1) 花だんをつくるために、たろう君は $\dfrac{13}{20}$ m²、花子さんは $\dfrac{3}{4}$ m² を耕（たがや）しました。2人合わせて何 m² 耕しましたか。

(　　　　　　　)

(2) 重さ $\dfrac{3}{4}$ kg の箱にみかんを入れたところ、箱とみかんを合わせた全体の重さは $2\dfrac{3}{8}$ kg でした。みかんの重さは何 kg ですか。

(　　　　　　　)

(3) それぞれ $\dfrac{9}{10}$ L、$\dfrac{1}{2}$ L、$\dfrac{2}{3}$ L の油が入ったかんがあります。3つのかんに入っている油の合計は何 L ですか。

(　　　　　　　)

(4) 長さが 3 m のリボンから、$1\dfrac{3}{8}$ m と $1\dfrac{2}{5}$ m の長さのリボンを切り取った残りの長さは何 m ですか。

(　　　　　　　)

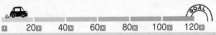

上級レベル **14** 分数のたし算とひき算

1 次の計算をしなさい。（5点×4）

(1) $\dfrac{1}{3}+\dfrac{3}{4}+\dfrac{1}{5}$

(2) $1-\dfrac{1}{4}-\dfrac{1}{6}$

(3) $2\dfrac{1}{2}+1\dfrac{3}{4}+\dfrac{3}{8}$

(4) $3\dfrac{3}{14}-2\dfrac{1}{7}-\dfrac{2}{21}$

2 家から駅まで行くとちゅうに学校があり，家と学校の間に公園があります。家から公園までは $\dfrac{1}{2}$ km，公園から学校までは $\dfrac{2}{3}$ km，学校から駅までは $1\dfrac{3}{4}$ km あります。これについて，次の問いに答えなさい。（5点×2）

(1) 家から公園と学校を通って駅までの道のりは何 km ありますか。

（　　　　　　　）

(2) 家から学校までと，公園から駅までの道のりの差は何 km ですか。

（　　　　　　　）

3 次の問いに答えなさい。（5点×4）

(1) 右の表のあいたところに分数を入れて，たて，横，ななめの分数の和がすべて 1 になるようにします。表のアとイに入る分数をそれぞれ答えなさい。

$\dfrac{3}{8}$		$\dfrac{5}{12}$
	$\dfrac{1}{3}$	イ
	ア	

ア（　　　　　　）イ（　　　　　　）

(2) 1 から 9 までの数字の中から 3 つの数字を分母に使い，その数字を小さい順にア，イ，ウとします。$\dfrac{1}{\text{ア}}+\dfrac{1}{\text{イ}}+\dfrac{1}{\text{ウ}}=1$ となるようなア，イ，ウの組み合わせを求めなさい。

〔横浜市立南高付中〕

（ア　　　，イ　　　，ウ　　　）

(3) $3\dfrac{1}{3}-\boxed{}+\dfrac{5}{6}=1\dfrac{5}{12}$ の $\boxed{}$ にあてはまる数を求めなさい。

（　　　　　　　）

時間	得点
20分	
合格	
40点	/50点

標準レベル 15 分数と小数 (1)

1 次のわり算の商を分数で表しなさい。(2点×6)

(1) 3÷8　　　　(2) 4÷7　　　　(3) 17÷6

(　　　　)　　(　　　　)　　(　　　　)

(4) 8÷12　　　(5) 9÷21　　　(6) 35÷10

(　　　　)　　(　　　　)　　(　　　　)

2 次の□にあてはまる数を求めなさい。(1点×4)

(1) $\dfrac{2}{3}=\square \div 3$　　　　(2) $\dfrac{15}{4}=\square \div 4$

(　　　　)　　　　　(　　　　)

(3) $\dfrac{9}{14}=9\div \square$　　　　(4) $\dfrac{19}{12}=19\div \square$

(　　　　)　　　　　(　　　　)

3 次の分数を小数で表しなさい。わり切れないときは, 四捨五入して小数第二位までのがい数で表しなさい。(2点×6)

(1) $\dfrac{2}{5}$　　　　(2) $\dfrac{3}{4}$　　　　(3) $\dfrac{1}{8}$

(　　　　)　　(　　　　)　　(　　　　)

(4) $\dfrac{3}{7}$　　　　(5) $\dfrac{5}{9}$　　　　(6) $2\dfrac{3}{8}$

(　　　　)　　(　　　　)　　(　　　　)

4 次の小数を分数で表しなさい。(2点×6)

(1) 0.7　　　　(2) 0.12　　　　(3) 0.285

(　　　　)　　(　　　　)　　(　　　　)

(4) 1.8　　　　(5) 2.25　　　　(6) 3.175

(　　　　)　　(　　　　)　　(　　　　)

5 次の問いに答えなさい。(2点×5)

(1) $\dfrac{3}{5}$, $\dfrac{7}{9}$, 0.65 の3つの数を小さい順にならべなさい。

(　　　　)

(2) $\dfrac{2}{3}$, 0.75, $\dfrac{5}{8}$ の3つの数でいちばん大きい数を求めなさい。

(　　　　)

(3) 3kgの肉を11人分に分けると1人分は何kgになりますか。分数で答えなさい。

(　　　　)

(4) 4mのリボンを10等分すると, 1本分は何mになりますか。分数で答えなさい。

(　　　　)

(5) 7.5Lの牛乳を30本のびんに等しく分けると1本分は何Lになりますか。分数で答えなさい。

(　　　　)

時間	得点
30分	
合格	
35点	50点

上級 レベル 16 分数と小数 (1)

1 次のわり算の商を分数で表しなさい。(2点×6)

(1) 6÷15　　　(2) 9÷36　　　(3) 7÷56

(　　　　)　　(　　　　)　　(　　　　)

(4) 24÷111　　(5) 96÷216　　(6) 26÷117

(　　　　)　　(　　　　)　　(　　　　)

2 次の分数は小数で，小数は分数で表しなさい。わり切れないときは，四捨五入して小数第三位までのがい数で表しなさい。(2点×9)

(1) $\dfrac{21}{35}$　　　(2) $\dfrac{48}{27}$　　　(3) $\dfrac{125}{8}$

(　　　　)　　(　　　　)　　(　　　　)

(4) 0.75　　　(5) 1.24　　　(6) 3.625

(　　　　)　　(　　　　)　　(　　　　)

(7) $\dfrac{2}{5}$　　　(8) 5.875　　　(9) 0.0125

(　　　　)　　(　　　　)　　(　　　　)

3 次の問いに答えなさい。(3点×4)

(1) $\dfrac{3}{7}$, $\dfrac{10}{21}$, 0.43, $\dfrac{5}{9}$, $\dfrac{5}{12}$ の5つの数を小さい順にならべなさい。

(　　　　　　　　　　　)

(2) (24−7)÷5 を計算しなさい。

(　　　　　　　　　　　)

(3) 2÷3+$\dfrac{2}{15}$ を計算しなさい。

(　　　　　　　　　　　)

(4) $\dfrac{9}{14}$−2÷□=$\dfrac{5}{14}$ の□にあてはまる数を求めなさい。

(　　　　　　　　　　　)

4 次の問いに分数で答えなさい。(4点×2)

(1) Aのびんには 1.75 kg，Bのびんには $2\dfrac{1}{3}$ kg，油が入っています。
2つのびんに入っている油の合計は何kgですか。

(　　　　　　　　　　　)

(2) 公園から学校までは $\dfrac{2}{3}$ km，学校から駅までは 1.3 km あります。
公園から学校を通って駅までの道のりは何kmありますか。

(　　　　　　　　　　　)

学習日〔　　月　　日〕

時間	得点
20分	
合格	
40点	50点

標準レベル 17　分数と小数 (2)

1 次の計算をしなさい。（4点×6）

(1) $\dfrac{8}{15}+0.6$

(2) $1.25+1\dfrac{2}{3}$

(3) $3\dfrac{1}{2}-1.5$

(4) $0.8-\dfrac{2}{7}$

(5) $0.9-\dfrac{2}{15}+1.2$

(6) $2\dfrac{3}{4}-1.5+\dfrac{1}{6}$

2 次の問いに分数で答えなさい。（3点×2）

(1) 13mは8mの何倍ですか。

（　　　　　）

(2) 25kmは125kmの何倍ですか。

（　　　　　）

3 次の問いに答えなさい。（4点×3）

(1) たての長さが15m，横の長さが9mの長方形があります。横の長さはたての長さの何倍ですか。

（　　　　　）

(2) 北公園の面積は380 m²，南公園の面積は420 m² です。南公園の面積は北公園の面積の何倍ですか。

（　　　　　）

(3) 1辺が6cmの正方形の面積は，たて5cm，横8cmの長方形の面積の何倍ですか。

（　　　　　）

4 A，B，Cの3つの容器があり，それぞれに9L，8L，15Lの水が入っています。これについて，次の問いに答えなさい。（4点×2）

(1) Bに入っている水のかさは，Cに入っている水のかさの何倍ですか。

（　　　　　）

(2) 容器に入っている水全部を合わせたかさは，Aに入っている水のかさの何倍ですか。

（　　　　　）

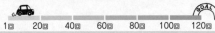
上級レベル 18 分数と小数 (2)

1 次の計算をしなさい。(5点×4)

(1) $2\dfrac{8}{15}-\left(2.5-\dfrac{5}{12}\right)$

(2) $0.6-\left(\dfrac{7}{12}-\dfrac{1}{6}\right)$

(3) $1.5+\left(3\dfrac{1}{3}-1.6\right)$

(4) $3\dfrac{1}{14}-\left(2\dfrac{1}{4}-0.25\right)$

2 次の □ にあてはまる数を求めなさい。(5点×2)

(1) $\left(1\dfrac{5}{12}-\boxed{}\right)+\dfrac{1}{4}=\dfrac{7}{8}$

(　　　　　)

(2) $\left(0.125+\dfrac{3}{4}-\boxed{}\right)\times5=2$

(　　　　　)

3 次の問いに答えなさい。(4点×5)

(1) 東公園の面積は 480 m² で, 西公園の面積は 320 m² です。2つの公園の面積の差は, 面積の和の何倍になっていますか。

(　　　　　)

(2) たて 7 cm, 横 12 cm の長方形 A とたて 14 cm, 横 21 cm の長方形 B, および 1 辺が 7 cm の正方形があります。正方形の面積は, 長方形 A と長方形 B の面積の和の何倍になっていますか。

(　　　　　)

(3) たろう君は 2400 円, じろう君は 1600 円のお金を持っています。たろう君が 800 円使い, じろう君はお父さんから 600 円もらいました。このとき, たろう君が持っているお金は, じろう君が持っているお金の何倍になりますか。

(　　　　　)

(4) 1 分間に 3 L ずつ入れていくと 25 分でいっぱいになる水そうがあります。1 分間に 5 L ずつ, 12 分間水を入れたときに水そうに入った水のかさは, 水そうがいっぱいになったときの水のかさの何倍になりますか。

(　　　　　)

(5) 1 冊 120 円のノートと 1 本 80 円のえん筆があります。ノート 6 冊とえん筆 12 本を買ったときの代金は, ノート 12 冊とえん筆 6 本を買ったときの代金の何倍になりますか。

(　　　　　)

標準レベル **19** **小数のかけ算**

学習日 [　　月　　日]

時間 20分	得点
合格 40点	50点

1 次の計算をしなさい。（3点×4）

(1) 17×4.2

(2) 43×6.5

(3) 26×1.24

(4) 64×2.56

2 次の計算をしなさい。（3点×6）

(1) 7.8×2.4

(2) 6.7×9.7

(3) 2.56×3.4

(4) 3.47×2.8

(5) 1.21×0.06

(6) 6.04×0.38

3 次の□にあてはまる不等号を求めなさい。（2点×2）

(1) 8.7□8.7×0.12

(2) 8.9□8.9×2.3

（　　　　　）　　　（　　　　　）

4 次の問いに答えなさい。（4点×4）

(1) 1mの重さが2.4kgの鉄のぼうがあります。この鉄のぼう5.8mの重さは何kgですか。

（　　　　　）

(2) たてと横の合計が29.3cmで、たてが15.8cmの長方形があります。この長方形の面積は何cm²ですか。

（　　　　　）

(3) 長さ1.25mのひもを7本つなぎ合わせます。つなぎ目に15cmずつ使ってつないだときの全体の長さは何mですか。

（　　　　　）

(4) 1Lの重さが0.65kgの油があります。この油を1.25kgのかんに9.5L入れました。かんと油を合わせた重さは何kgですか。

（　　　　　）

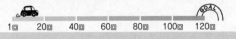

上級
レベル **20** **小数のかけ算**

学習日 [月 日]

時間 **30分**	得点
合格 **35点**	50点

1 次の計算をしなさい。(4点×6)

(1) 0.9×0.04

(2) 1.23×9.07

(3) 15.7×0.25

(4) 3.24×34.6

(5) 2.5×5.1+4.2×3.8

(6) 1.5×(2−0.3)×0.85

2 次の□にあてはまる数を求めなさい。(3点×2)

(1) 6.6÷□+3.2=14.2

( )

(2) 12.5−□÷3.2=6.3

( )

3 次の問いに答えなさい。(5点×4)

(1) ある数に 0.625 をたして, その答えを 1.25 でわると 20.5 になりました。ある数を求めなさい。

( )

(2) たかえさんは 1m が 260 円のリボンを 3.5m 買い, ゆきえさんは 1m が 180 円のリボンを 4.25m 買いました。たかえさんがはらった代金はゆきえさんがはらった代金より何円多くなりましたか。

( )

(3) たてが 8.5m で, 横がたての長さの 1.2 倍になっている長方形があります。この長方形の面積は何 m² ですか。

( )

(4) 1, 2, 3 の 3 つの数字と小数点をすべて使ってできる, 最も大きな小数と最も小さな小数をかけるといくつになりますか。

( )

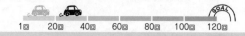

標準レベル 21　小数のわり算 (1)

学習日〔　　月　　日〕

時間 **20分**	得点
合格 **40点**	50点

1 次の計算をしなさい。（2点×6）

(1) 96÷1.6　　(2) 88÷2.2　　(3) 63÷3.5

(4) 15÷0.25　　(5) 87÷1.16　　(6) 74÷2.96

2 次の計算をしなさい。（2点×9）

(1) 7.8÷6.5　　(2) 8.4÷1.5　　(3) 3.9÷2.6

(4) 42.5÷1.7　　(5) 5.12÷6.4　　(6) 3.76÷4.7

(7) 9.15÷1.83　　(8) 1.38÷0.03　　(9) 3.72÷2.48

3 次の□にあてはまる不等号を求めなさい。（2点×2）

(1) 7.2 □ 7.2÷0.06　　(2) 8.64 □ 8.64÷7.2

（　　　）　　　　（　　　）

4 次の問いに答えなさい。（4点×4）

(1) 2.5 m が 850 円の布の 1 m のねだんは何円ですか。

（　　　）

(2) 横の長さが 3.4 m，面積が 64.6 m² の長方形の土地があります。この土地のたての長さは何 m ですか。

（　　　）

(3) 46.8 L の牛にゅうを 1.8 L 入りのびんに入れていくと，1.8 L いっぱいまで入ったびんは何本できますか。

（　　　）

(4) ある数を 1.5 でわる計算を，まちがえて 1.5 をかけてしまったので，答えが 165.6 になりました。正しい答えを求めなさい。

（　　　）

上級レベル 22　小数のわり算 (1)

時間	30分	得点	
合格	35点		50点

1 次の計算をしなさい。(3点×8)

(1) $12.4 \div 0.02$

(2) $8.88 \div 0.74$

(3) $12.73 \div 6.7$

(4) $4.548 \div 37.9$

(5) $8.1 \div 3 \times 2.3 \div 0.6$

(6) $0.03 \times 0.56 \div 0.021$

(7) $3.8 \times 5.4 - 2.7 \div 0.45$

(8) $(6.3 - 4.2 \times 0.9) \div 2.8$

2 次の◻にあてはまる数を求めなさい。(3点×2)

(1) $0.5 \times (2.37 - ◻) = 0.8$

(2) $0.012 \div 0.06 \times ◻ = 4.2$

(　　　　　)　　　　　(　　　　　)

3 次の問いに答えなさい。(5点×4)

(1) ある数を 2.8 倍してから 4.27 をひいた結果は 30.17 になりました。ある数を求めなさい。

(　　　　　)

(2) 重さが 40.3 kg のぼうがあります。このぼうから 1.2 m を切り取ってその重さをはかると, 3.9 kg ありました。はじめのぼうの長さを求めなさい。

(　　　　　)

(3) たてが 24.5 m, 横が 8.4 m の長方形があります。この長方形のたての長さを 9.8 m 長くし, 面積は変わらないようにしたときの横の長さを求めなさい。

(　　　　　)

(4) たての長さが 13.5 cm, 横の長さが 30.6 cm の長方形があります。この長方形をできるだけ大きな正方形に切り分けるとすると, 正方形は何まいできるか求めなさい。

(　　　　　)

標準レベル 23　小数のわり算 (2)

1 次のわり算をわり切れるまで計算しなさい。（3点×4）

(1) 3.6÷7.5

(2) 1.5÷2.4

(3) 1.8÷2.4

(4) 2.88÷4.5

2 次のわり算の商を四捨五入して小数第一位まで求めなさい。（3点×4）

(1) 5.4÷6.8

(2) 9.5÷0.7

(3) 5.7÷0.9

(4) 12.7÷3.2

3 次のわり算の商を一の位まで求めて，余りも書きなさい。（3点×2）

(1) 7.2÷4.6

(2) 21.8÷0.69

4 次の問いに答えなさい。（4点×5）

(1) 面積が 25.9 m² の長方形があり，横の長さは 7.4 m です。この長方形のたての長さは何 m ですか。

（　　　　　　）

(2) 1.2 m の重さが 4.5 kg の鉄のぼうがあります。この鉄のぼう 91.5 kg の長さは何 m ですか。

（　　　　　　）

(3) 25.7 L のしょうゆを 0.7 L 入りのびんに分けると，びんは何本できて，何 L のしょうゆが残りますか。

（　　　　　　）

(4) 13.6 m のひもから 70 cm ずつひもを切り取ると，70 cm のひもは何本できて，ひもは何 m 余りますか。

（　　　　　　）

(5) 5.4 L のジュースと何 L かの水があります。ジュースの量が水の量の 1.5 倍であるとき，水は何 L ありますか。

（　　　　　　）

23

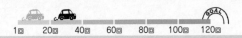

上級レベル **24**　小数のわり算 (2)

学習日 [　月 　日]	
時間 **30**分	得点
合格 **35**点	50点

1 次の計算をしなさい。(3点×4)

(1) 0.6968÷0.335

(2) 16.83÷1.275

(3) 1.48×3.15÷0.37

(4) 23.04×0.75÷0.25

2 次のわり算の商を四捨五入して，上から2けたのがい数で書きなさい。(3点×4)

(1) 3÷1.9

(2) 26÷19.8

(3) 8.09÷5.1

(4) 7.51÷3.8

3 次の□にあてはまる数を求めなさい。(3点×2)

(1) □÷2.2＝4 余り 0.04

(2) 4÷□＝1.7 余り 0.09

(　　　　　)　　(　　　　　)

4 次の問いに答えなさい。(5点×4)

(1) たて 2.3 m，横 5.6 m の長方形の面積は，1辺が 3.5 m の正方形の面積の何倍になりますか。四捨五入して，上から3けたのがい数で答えなさい。

(　　　　　)

(2) ある紙を 100 まい重ねた厚さは 13 mm あります。この紙を 6.76 cm の厚さに重ねたとき，何まい重ねたか求めなさい。

(　　　　　)

(3) 72.5 kg の米を 1.4 kg ずつふくろに入れていくと，何ふくろできて何 kg 余るか求めなさい。

(　　　　　)

(4) しょうゆが 2.7 L 入っているびんがあり，全体の重さは 2.8 kg です。しょうゆを 1.3 L 使ったところ，全体の重さが 1.89 kg になりました。びんだけの重さを求めなさい。

(　　　　　)

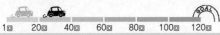

学習日〔　　月　　日〕

時間	得点
30分	
合格	
40点	／50点

標準レベル 25　計算のくふう

1 次の計算をくふうしてしなさい。（2点×4）

(1) 4.6×4×1.5

(2) 8.3×2.5×4

(3) 2.5×12.4×8

(4) 2500×134.5×0.04

2 次の ① ～ ⑩ にあてはまる数を求めなさい。（1点×10）

(1) 9.9×4.8＝(10－ ①)×4.8

　　　　　　＝10×4.8－ ② ×4.8

　　　　　　＝ ③ － ④

　　　　　　＝ ⑤

① (　　　) ② (　　　)

③ (　　　) ④ (　　　)

⑤ (　　　)

(2) 8.7×19＋8.7＝8.7×(19＋ ⑥)

　　　　　　　＝8.7× ⑦

　　　　　　　＝ ⑧

⑥ (　　) ⑦ (　　) ⑧ (　　)

(3) 6.7×8.9＋3.3×8.9＝(⑨ ＋3.3)×8.9

　　　　　　　　　＝ ⑩ ×8.9

　　　　　　　　　＝89

⑨ (　　　) ⑩ (　　　)

3 次の計算をしなさい。（5点×4）

(1) 27×4.5＋4.5×73

(2) 2.45×123－2.45×23

(3) 17.26÷0.4＋22.74÷0.4

(4) 92.5÷0.05－77.5÷0.05

4 次の問いに答えなさい。（4点×3）

(1) さやかさんは 1 m が 260 円のリボンを，ひろ子さんは 1 m が 180 円のリボンをそれぞれ 2.5 m 買いました。さやかさんがはらった代金はひろ子さんがはらった代金より何円多くなりましたか。

(　　　　　　　　　)

(2) $\dfrac{3}{5}＝\dfrac{1}{\boxed{ア}}＋\dfrac{1}{\boxed{イ}}$ の ア と イ にあてはまる数を求めなさい。ただしアのほうがイより小さい数とします。

(ア　　　　　, イ　　　　　)

(3) $\dfrac{1}{2×3}＝\dfrac{1}{2}－\dfrac{1}{\boxed{}}$ の □ にあてはまる数を求めなさい。

(　　　　　　　　　)

25

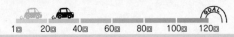
上級レベル **26** 計算のくふう

時間	30分	得点	
合格	35点		50点

1 次の計算をくふうしてしなさい。（5点×6）

(1) $\dfrac{1}{2}+\dfrac{1}{3}+\dfrac{1}{4}+\dfrac{1}{5}+\dfrac{1}{6}-1$

(2) $3\times(0.41+0.13)+(0.87+0.59)\times3$

(3) $5\times17.25-5\times12.25$

(4) $6\times6\times2.97\times5-4\times4\times2.97\times5$

(5) $3.14\times50+3.14\times11+3.14\times39$

(6) $10.4\div3.14+47.3\div3.14-54.56\div3.14$

2 次の問いに答えなさい。（5点×2）

(1) $2.6\times56+26\times14.4$ をくふうして計算しなさい。

（　　　　　）

(2) $\dfrac{1}{5\times6}=\dfrac{1}{5}-\dfrac{1}{6}$ であることを利用して，$\dfrac{1}{5\times6}+\dfrac{1}{6\times7}+\dfrac{1}{7\times8}$ を計算しなさい。

（　　　　　）

3 ◎を，A◎B という式において，A×B＋A＋B という計算をすることを表す記号とします。たとえば，1◎2＝1×2＋1＋2＝5 となります。これについて，次の問いに答えなさい。（5点×2）

(1) 0.64 ◎4 を計算しなさい。

（　　　　　）

(2) (2 ◎1.35)◎5 を計算しなさい。

（　　　　　）

27 最上級レベル ③

1 次の問いに答えなさい。（6点×5）

(1) $9-\left(4\dfrac{3}{7}-2\dfrac{3}{5}\right)+1\dfrac{7}{10}$ を計算しなさい。

（　　　　　　）

(2) $\dfrac{1}{2}-0.375+\dfrac{5}{8}-0.125$ を計算しなさい。

（　　　　　　）

(3) $65.536\div1.6$ をわり切れるまで計算しなさい。

（　　　　　　）

(4) $2.35\times8+2.65\times8+2.35\times5+11.65\times5$ を計算しなさい。

（　　　　　　）

(5) $291\times1.7-67.9\times4+19.4\times8.5$ を計算しなさい。〔ラ・サール中一改〕

（　　　　　　）

2 次の問いに答えなさい。（5点×4）

(1) ある整数 A があります。A を 18 でわった商の小数第二位を四捨五入すると 4.6 になります。考えられる整数 A をすべて求めなさい。

（　　　　　　）

(2) ◎を，A◎B という式において，$\dfrac{1}{A}+\dfrac{1}{B}$ という計算をすることを表す記号とします。たとえば，$2◎3=\dfrac{1}{2}+\dfrac{1}{3}=\dfrac{5}{6}$ となります。このとき，$\boxed{}◎4=\dfrac{1}{3}$ の $\boxed{}$ にあてはまる数を求めなさい。

（　　　　　　）

(3) A をこえない最大の整数を〔A〕と表すことにすると，例えば〔3.5〕＝3，〔7.9〕＝7 となります。このとき〔〔5÷0.3〕÷〔21×0.3〕〕を計算しなさい。〔法政大第二中〕

（　　　　　　）

(4) $\dfrac{1}{2\times3}=\dfrac{1}{2}-\dfrac{1}{3}$ となることを利用して，$\dfrac{1}{6}+\dfrac{1}{12}+\dfrac{1}{20}+\dfrac{1}{30}$ を計算しなさい。

（　　　　　　）

28 最上級レベル ④

1 次の問いに答えなさい。(6点×5)

(1) $\left(\dfrac{5}{8}+1\dfrac{1}{6}\right)-\left(2\dfrac{1}{2}-1\dfrac{1}{3}\right)$ を計算しなさい。

(　　　　　　　)

(2) $0.25-1\dfrac{1}{5}+0.375+1\dfrac{7}{8}$ を計算しなさい。

(　　　　　　　)

(3) $11.375\div0.13$ をわり切れるまで計算しなさい。

(　　　　　　　)

(4) $26\times3.14+19\times6.28+12\times9.42$ を計算しなさい。

(　　　　　　　)

(5) $\dfrac{1}{2\times3}+\dfrac{1}{3\times4}+\dfrac{1}{4\times5}+0.425-\dfrac{3}{8}$ を計算しなさい。

(　　　　　　　)

2 次の問いに答えなさい。(5点×2)

(1) それぞれ，小数第二位を四捨五入すると，3.7になる数Aと，2.9になる数Bがあります。AとBの和は，いくつ以上いくつ未満になりますか。

(　　　　　　　)

(2) $\dfrac{3}{7}=\dfrac{1}{\boxed{ア}}+\dfrac{1}{\boxed{イ}}+\dfrac{1}{\boxed{ウ}}$ の $\boxed{ア}\sim\boxed{ウ}$ にあてはまる数を求めなさい。ただし，ア，イ，ウはそれぞれことなる30以下の整数で，小さい順にア，イ，ウとします。

(ア　　　, イ　　　, ウ　　　)

3 次の例から記号△と◎の意味を考えて，あとの問いに答えなさい。

(5点×2) 〔中央大附中一改〕

(例)　$2△3=8$, $3△4=81$, $4△3=64$, $10△2=100$
　　　$2◎4=2$, $2◎8=3$, $3◎27=3$, $5◎25=2$

(1) $8△4$ はいくつですか。

(　　　　　　　)

(2) $4◎1024$ はいくつですか。

(　　　　　　　)

標準レベル 29 平均とその利用 (1)

1 次の問いに答えなさい。(5点×4)

(1) りんご6個の重さをはかると次のようになりました。

275g, 295g, 263g, 258g, 302g, 314g

平均すると, りんご1個の重さは何gですか。

(　　　　　　)

(2) 右の表は, あるクラスの先週の欠席者の数を示したものです。平均すると1日に何人欠席しましたか。

曜日	月	火	水	木	金
人数	3	3	4	0	2

(　　　　　　)

(3) 右の表は, たろう君の4教科のテストの得点を示したものです。4教科の平均点は何点ですか。

教科	国語	算数	理科	社会
点数	78	92	82	64

(　　　　　　)

(4) A, B, C, D, Eの5人の身長をはかると次のようになりました。

139.2cm, 143.1cm, 153.4cm, 137.6cm, 140.7cm

5人の身長の平均は何cmですか。

(　　　　　　)

2 次の問いに答えなさい。(5点×2)

(1) ある本を, 1日平均39ページ読んで, 12日で読み終えました。この本のページ数を求めなさい。

(　　　　　　)

(2) あるクラスで, 月曜日から金曜日までに図書館を利用した人数は, 1日平均4.8人でした。図書館を利用した人数は全部で何人でしたか。

(　　　　　　)

3 右の表は, A, B2人の10歩の長さを5回はかったときの記録です。これについて, 次の問いに答えなさい。(5点×4)

	10歩の長さ (m)	
	A	B
1回目	5.75	5.96
2回目	5.80	6.12
3回目	5.96	6.21
4回目	5.87	5.91
5回目	5.79	6.17

(1) AとBの歩はばは, それぞれ約何cmですか。整数で求めなさい。

A (　　　　) B (　　　　)

(2) Aが学校から公園までの道のりを歩はばではかったら, 630歩でした。学校から公園までは, 約何mありますか。

(　　　　　　)

(3) Bが運動場のまわりを歩はばではかったら, 230歩でした。運動場のまわりは, 約何mありますか。

(　　　　　　)

時間	得点
30分	
合格 **35**点	50点

上級レベル 30 平均とその利用 (1)

1 はるかさん，せいやさん，りえさんの3人の所持金の平均は980円です。はるかさんは1100円，せいやさんは940円持っています。**りえさんの所持金はいくらですか。**(5点)

( )

2 国語，算数，理科，社会の4教科のテストがあり，国語は92点，理科は78点，社会は85点で，算数の結果がまだわかりません。**これについて，次の問いに答えなさい。**(5点×2)

(1) 国語，理科，社会の3教科の平均点を求めなさい。

( )

(2) 4教科の平均が88点のとき，算数は何点になりますか。

( )

3 A，B，C，D，Eの5人の身長の平均は141cmで，C，D，Eの3人の身長の平均は139cmです。**これについて，次の問いに答えなさい。**(5点×2)

(1) AとBの2人の身長の平均を求めなさい。

( )

(2) AがBよりも6cm高いとき，Aの身長を求めなさい。

( )

4 次の問いに答えなさい。(5点×5)

(1) せいこさんは5回の計算テストを受けました。1回目73点，2回目90点，4回目81点，5回目75点で，5回の平均点は80点でした。3回目は何点でしたか。〔玉川聖学院中〕

( )

(2) A，B，C，Dの4人の体重の平均は45kgです。この4人にEを加えた5人の体重の平均は43.4kgです。Eの体重は何kgですか。〔和洋九段女子中〕

( )

(3) 30人のクラスでテストをしたら，男子18人の平均点は65.0点，クラスの平均点は63.8点でした。このとき，女子の平均点は何点ですか。〔森村学園中〕

( )

(4) A，B，C，Dの4人の試験の平均点は76点です。A，Bの2人の平均点は80点で，B，C，Dの3人の平均点は73点です。Bの得点は何点ですか。〔國學院大久我山中〕

( )

(5) Aさんの国語，理科，社会の3科目の平均点は73点です。算数の点数が何点以上で，国語，理科，社会，算数の4科目の平均点が70点以上になりますか。〔慶應義塾中〕

( )

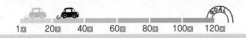

学習日 [　　月　　日]

時間	得点
30分	
合格 **35点**	/50点

標準レベル 31 平均とその利用 (2)

1 次の問いに答えなさい。(6点×5)

(1) 男子 4 人の身長の平均は 156 cm で，女子 6 人の身長の平均は 148 cm です。このとき，男子と女子を合わせた 10 人の身長の平均を求めなさい。

(　　　　　　)

(2) 男子 20 人，女子 16 人で計算テストをしたところ，クラス全体の平均点は 6.5 点になりました。また，女子だけの平均点はちょうど 6 点でした。このとき，男子だけの平均点を求めなさい。

(　　　　　　)

(3) 3 回のテストの平均点が 70 点で，1 回目が 80 点，2 回目の点数は，3 回目よりも 6 点高かったときの 3 回目の点数を求めなさい。

(　　　　　　)

(4) あるテストの結果，A 君と B 君の平均点が 68 点，B 君と C 君の平均点が 69 点，C 君と A 君の平均点が 73 点であることがわかりました。3 人のテストの平均点を求めなさい。

(　　　　　　)

(5) 6 人ですると 14 日かかる仕事があります。この仕事を 12 日で終わるようにするには，1 日平均何人ずつ働けばよいか求めなさい。

(　　　　　　)

2 次の問いに答えなさい。(5点×4)

(1) あるクラスの 30 人の体重を調べたところ，男子 16 人の体重の平均は 42.2 kg，女子だけの体重の平均は 39.5 kg でした。このとき，クラス全体の体重の平均を求めなさい。

(　　　　　　)

(2) 今までに算数のテストが何回かあり，その平均点は 84 点です。この次のテストで 90 点をとると，全体の平均点が 85 点になります。算数のテストは，今までに何回ありましたか。

(　　　　　　)

(3) 10 人で, すると 45 日かかる仕事があります。この仕事を 18 人ですると何日かかりますか。

(　　　　　　)

(4) 10 人が公園に行き，3 人乗りのボート 2 そうを 1 時間借りました。交代で乗ることにして，10 人が同じ時間乗るには，1 人が平均何分ずつ乗ることになりますか。

(　　　　　　)

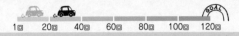

上級レベル **32** 平均とその利用 (2)

学習日 [月 日]

時間 **30**分
合格 **35**点
得点 **50**点

1 次の問いに答えなさい。(5点×4)

(1) 国語，算数，理科，社会の 4 つのテストの平均点が 72 点で，算数は国語より 8 点多く，理科は国語より 4 点少なく，社会と国語の点数が同じとき，算数は何点ですか。 〔茗溪学園中〕

(　　　　　)

(2) 算数，国語，社会，理科の 4 つのテストで，算数，国語，社会の平均点が 75 点，国語，社会，理科の平均点が 69 点，算数と理科の平均点が 77 点で，社会は国語よりも 5 点高くなっていました。これについて，次の問いに答えなさい。
① 算数と理科の点数の差を求めなさい。

(　　　　　)

② 算数と国語の平均点を求めなさい。

(　　　　　)

(3) 算数のテストを 3 回行った結果，1 回目と 2 回目の平均は 64 点，2 回目と 3 回目の平均は 73 点，1 回目と 3 回目の平均は 70 点でした。このとき，3 回のテストの平均を求めなさい。 〔清泉女学院中〕

(　　　　　)

2 次の問いに答えなさい。(6点×5)

(1) 100 点満点のテストが 5 回あり，5 回の平均点は 89 点でした。最初の 3 回の平均点は 88 点，最後の 3 回の平均点は 89 点でした。 〔聖園女学院中〕
① 第 3 回の得点は何点ですか。

(　　　　　)

② 第 2 回で 100 点を取り，第 1 回と第 4 回の得点の差は 10 点でした。第 5 回の得点は何点ですか。

(　　　　　)

(2) A，B，C，D の 4 人が算数のテストを受けました。その結果，A は 57 点，B は 69 点，C は 78 点で，D の得点は 4 人の平均点よりも 9 点高い点でした。このとき，D の得点は何点でしたか。

(　　　　　)

(3) A さんの身長は C さんの身長より 2 cm 高く，B さんの身長は C さんの身長より 5 cm 低いです。A さん，B さん，C さんの 3 人の平均身長が，クラスの平均身長の 167 cm より 1 cm 高いとき，A さんの身長は何 cm ですか。 〔富士見丘中〕

(　　　　　)

(4) あるクラスのテストの平均点は 63.1 点です。このうち，男子 19 人の平均点は 61 点，女子の平均点は 65 点でした。このクラスの女子の人数を求めなさい。 〔春日部共栄中一改〕

(　　　　　)

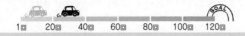
標準レベル **33** **単位量あたりの大きさ**

1 右の表は，東小学校と西小学校の児童数と運動場の面積を表したものです。これについて，次の問いに答えなさい。(5点×3)

	児童数（人）	面積（m²）
東	810	3600
西	500	2300

(1) 東小学校では1m²あたりの児童の数は何人になりますか。

（　　　　　　　）

(2) 西小学校では児童1人あたりの運動場の面積は何m²になりますか。

（　　　　　　　）

(3) 全校児童が運動場に集まったとき，東小学校，西小学校のどちらの運動場がゆったりしていますか。

（　　　　　　　）

2 右の表は，A市とB市の人口と面積を表したものです。これについて，次の問いに答えなさい。(5点×2)

	人口（人）	面積（km²）
A	48000	160
B	34000	100

(1) A市の人口密度を求めなさい。

（　　　　　　　）

(2) 面積に比べて，人口が多いのはA，Bどちらの市ですか。

（　　　　　　　）

3 次の問いに答えなさい。(5点×5)

(1) A，B2台の自動車があります。Aの自動車は40Lのガソリンで492km，Bの自動車は50Lのガソリンで675km走ることができます。A，Bどちらの自動車のほうがガソリンを使う量が少ないですか。

（　　　　　　　）

(2) じゃがいものとれ高を調べたら，たろう君の家では，80m²の畑から115kg，花子さんの家では，70m²の畑から94kgとれました。どちらの家の畑のほうがよくとれたといえますか。

（　　　　　　　）

(3) 3本で180円のサインペンと，5本で450円のボールペンがあります。1本あたりのねだんはサインペンとボールペンのどちらが安いですか。

（　　　　　　　）

(4) 270円で6m買えるリボンがあります。630円では，このリボンを何m買えますか。

（　　　　　　　）

(5) 3mで174gのはり金があります。このはり金32mの重さは何gですか。

（　　　　　　　）

上級
レベル
34　**単位量あたりの大きさ**

1 右の表は，A小学校，B小学校，C小学校の児童数と運動場の面積を表したものです。**これについて，次の問いに答えなさい。**（5点×2）

	児童数（人）	面積（m²）
A	1240	5580
B	960	4800
C	820	3280

(1) A小学校では児童1人あたりの運動場の面積は何m²になりますか。

（　　　　　　）

(2) 全校児童が運動場に集まったとき，A，B，Cのどの小学校の運動場がいちばんゆったりしていますか。

（　　　　　　）

2 右の表は，A市，B市，C市の人口と面積を表したものです。**これについて，次の問いに答えなさい。**（5点×3）

	人口（人）	面積（km²）
A	630000	700
B	420000	600
C	380000	400

(1) A市の人口密度を求めなさい。

（　　　　　　）

(2) C市での150km²の人口は，何人といえますか。

（　　　　　　）

(3) 面積に比べて最も人口が多いのは，A，B，Cのどの市ですか。

（　　　　　　）

3 次の問いに答えなさい。（5点×5）

(1) ある車は，10Lのガソリンで250km走ることができます。この車で640km走ったときに使うガソリンは何Lですか。

（　　　　　　）

(2) ゆりさんは，Aのリボンを2.5m買って475円はらいました。えりさんは，Bのリボンを4.5m買って810円はらいました。1mあたりのリボンのねだんは，A，Bどちらのほうが何円安いですか。

（　　　　　　）

(3) ある店で，えん筆を3つのセットで売っていました。Aセットは5本入りで175円，Bセットは12本入りで400円，Cセットは24本入りで820円でした。えん筆1本あたりのねだんが最も安いのは，A，B，Cのどのセットですか。

（　　　　　　）

(4) たろう君の家では，AとBの2つの産地から米を取りよせました。Aからは5kg取りよせ，送料1200円と合わせて，4000円でした。Bからは8kg取りよせ，送料800円と合わせて，7200円でした。AとBの米1kgあたりのねだんの差を求めなさい。

（　　　　　　）

(5) 学校の花だんの面積は8.75m²です。この花だんに水をまいたところ，31.5Lの水を使いました。花だん1m²あたりにまいた水は何Lでしたか。

（　　　　　　）

標準
レベル
35　　**割　合 (1)**

1回　20回　40回　60回　80回　100回　120回

学習日〔　　月　　日〕

時間	20分	得点	
合格	40点		50点

1 次の問いに答えなさい。(2点×6)

(1) 6 m のぼうの長さをもとにする量として，次の長さの割合を求めなさい。

① 18 m 　　　　② 10 m 　　　　③ 2 m

(　　　　　) 　　(　　　　　) 　　(　　　　　)

(2) 400 円をもとにする量として，次の金額の割合を求めなさい。

① 300 円 　　　　② 600 円 　　　　③ 2400 円

(　　　　　) 　　(　　　　　) 　　(　　　　　)

2 ある小学校の 5 年生の児童数は 140 人で，男子が 56 人，女子が 84 人です。これについて，次の割合を求めなさい。(2点×4)

(1) 5 年生の児童数をもとにする量としたときの男子の割合。

(　　　　　)

(2) 5 年生の児童数をもとにする量としたときの女子の割合。

(　　　　　)

(3) 男子の数をもとにする量としたときの女子の割合。

(　　　　　)

(4) 女子の数をもとにする量としたときの男子の割合。

(　　　　　)

3 次の問いに答えなさい。(3点×10)

(1) 次の小数で表した割合を百分率で，百分率で表した割合を小数で表しなさい。

① 0.09 　　　　　　② 0.46

(　　　　　) 　　　　(　　　　　)

③ 6% 　　　　　　④ 18%

(　　　　　) 　　　　(　　　　　)

(2) 次の小数で表した割合を歩合で，歩合で表した割合を小数で表しなさい。

① 0.12 　　　　　　② 0.364

(　　　　　) 　　　　(　　　　　)

③ 2 割 4 分 　　　　④ 1 割 3 分 5 厘

(　　　　　) 　　　　(　　　　　)

(3) 次の百分率で表した割合を歩合で，歩合で表した割合を百分率で表しなさい。

① 23.8% 　　　　　② 3 割 7 分 9 厘

(　　　　　) 　　　　(　　　　　)

上級レベル 36 割 合 (1)

1 右の表は, A, B, C, D の 4 人がバスケットボールでシュートした数と, ゴールした数をまとめたものです。これについて, 次の問いに答えなさい。(4点×4)

	シュート数	ゴール数
A	30	21
B	20	17
C	15	10
D	25	22

(1) A がゴールした数の割合を歩合で求めなさい。

（　　　　　）

(2) B がゴールした数の割合を百分率で求めなさい。

（　　　　　）

(3) C がゴールした数の割合を分数で求めなさい。

（　　　　　）

(4) 最も成績がよかったのはだれですか。

（　　　　　）

2 内のりがたて 16 cm, 横 25 cm, 高さ 12 cm の直方体の容器に, 水を 30 dL 入れました。入れた水の体積は容器の容積の何%にあたるか求めなさい。(6点)

（　　　　　）

3 次の表の①〜④にあてはまる小数, 百分率を求めなさい。(3点×4)

小数	①	0.053	②	1.254
百分率(%)	62.4	③	1.6	④

①（　　　　）②（　　　　）③（　　　　）④（　　　　）

4 次の問いに答えなさい。(4点×4)

(1) 37.8 g は 90 g の何%になりますか。

（　　　　　）

(2) 672 円の 1200 円に対する割合を歩合で求めなさい。

（　　　　　）

(3) 25 題の計算テストがあります。
① 21 題正解したとき, 正解した割合を百分率で求めなさい。

（　　　　　）

② 3 題まちがったとき, まちがった割合を歩合で求めなさい。

（　　　　　）

標準レベル 37 　割　合 (2)

1 次の□にあてはまる数を求めなさい。(2点×5)

(1) 35 の 16 % は□です。

（　　　　　）

(2) 300 L の 68 % は□L です。

（　　　　　）

(3) 700 円の 5 % は□円です。

（　　　　　）

(4) 48 kg の 130 % は□kg です。

（　　　　　）

(5) 円グラフで，15 % にあたる部分の中心の角度は□度です。

（　　　　　）

2 次の問いに答えなさい。(5点×3)

(1) 現在，たろう君の年れいはお母さんの 40 % にあたります。お母さんが今，45 才とすると，たろう君は何才ですか。

（　　　　　）

(2) 出席者の予定が 150 人だった集まりで 6 % の人が欠席しました。欠席した人は何人でしたか。

（　　　　　）

(3) 1200 円の品物が，20 % 引きで売られていました。20 % 引きで売られたときのねだんを求めなさい。

（　　　　　）

3 次の□にあてはまる数を求めなさい。(2点×5)

(1) 240 の 7 割 5 分は□です。

（　　　　　）

(2) 9 L の 1 割 2 分は□L です。

（　　　　　）

(3) 35 kg の 1 割 2 分 5 厘は□g です。

（　　　　　）

(4) 4 時間 20 分の 3 割 5 分は□分です。

（　　　　　）

(5) 円グラフで，40 % にあたる部分の中心の角度は□度です。

（　　　　　）

4 次の問いに答えなさい。(5点×3)

(1) 15000 円のうち 2 割 5 分を貯金しました。貯金した金額を求めなさい。

（　　　　　）

(2) まわりの長さが 54 cm の長方形があります。たての長さは横の長さの 8 割です。この長方形の面積を求めなさい。

（　　　　　）

(3) A 市の昨年の人口は 5 万人で，今年は 3 分 5 厘増加しました。今年の人口を求めなさい。

（　　　　　）

学習日 [　　月　　日]

時間	30分	得点	
合格	35点		50点

1 次の問いに答えなさい。 (5点×5)

(1) 児童数が 700 人の学校で行われた運動会に 4 % の児童が欠席しました。参加した児童の人数を求めなさい。

（　　　　　　　）

(2) ある図書館には 5 万さつの本が置いてあります。そのうち 75 % が日本の本で，残りは外国の本です。外国の本は何さつあるか求めなさい。

（　　　　　　　）

(3) 48 時間の 24 % は何時間何分何秒ですか。

（　　　　　　　）

(4) 落とした高さの 0.6 倍ずつはねあがるボールがあります。3 m の高さから落としたボールは，2 回目に何 cm はねあがりますか。

（　　　　　　　）

(5) 6 % の食塩水 200 g にとけている食塩と，9% の食塩水 300 g にとけている食塩の量を合わせると何 g になるか求めなさい。

（　　　　　　　）

2 次の問いに答えなさい。 (5点×5)

(1) 1 辺が 10 cm の正方形があります。この正方形の 1 辺の長さを 1 割のばしたときの面積を求めなさい。

（　　　　　　　）

(2) 5000 円で仕入れた品物に 3 割増しの定価をつけました。これを 2 割引きで売ったときのねだんを求めなさい。

（　　　　　　　）

(3) 1000 円を持ってぶんぼうぐ店に行き，筆箱を買ったところ，持っていったお金の 3 割 4 分が残りました。筆箱のねだんを求めなさい。

（　　　　　　　）

(4) 全部で 350 ページある本を，1 日目に全体の 2 割を読み，2 日目に全体の 1 割 6 分を読みました。残りのページ数を求めなさい。

（　　　　　　　）

(5) 4.5 m の長さのリボンを，まず姉がその 3 割を切って使いました。その残りの 4 割を妹が切って使ったとき，残りのリボンの長さは何 cm か求めなさい。

（　　　　　　　）

学習日 [　　月　　　日]

時間	20分	得点	
合格	40点		50点

1 次の□にあてはまる数を求めなさい。（2点×5）

(1) □の14%は28です。

（　　　　　）

(2) 186人は□人の62%です。

（　　　　　）

(3) □円の30%増しは650円です。

（　　　　　）

(4) 2.6kgは□kgの2%です。

（　　　　　）

(5) 10gの食塩がとけている、濃さが8%の食塩水の量は□gです。

（　　　　　）

2 次の問いに答えなさい。（5点×3）

(1) たろう君の体重は36kgで、お母さんの体重の60%です。お母さんの体重は何kgですか。

（　　　　　）

(2) ある容器の容積の20%にあたる300cm³の水が入っています。この容器の容積を求めなさい。

（　　　　　）

(3) おこづかいのうち750円を使ったら、持っていたおこづかいの37.5%が残りました。持っていたおこづかいはいくらでしたか。

（　　　　　）

3 次の□にあてはまる数を求めなさい。（2点×5）

(1) 1125円は□円の3割7分5厘です。

（　　　　　）

(2) □人の6割5分は520人です。

（　　　　　）

(3) 924mは□mの2割3分2厘増しです。

（　　　　　）

(4) □円の2割5分引きが2250円でした。

（　　　　　）

(5) 1割5分の利益をみこんで2300円の定価をつけた品物の仕入れねは□円です。

（　　　　　）

4 次の問いに答えなさい。（5点×3）

(1) 575gの水に50gの食塩をとかしました。この食塩水の濃さを10%にするには、何gの水をじょう発させるとよいですか。

（　　　　　）

(2) 深さ120cmの水中にぼうを立てたところ、ぼうの長さの6割が水の中に入りました。このぼうの長さを求めなさい。

（　　　　　）

(3) あるクラスの女子の人数はクラス全体の4割で、男子の人数は24人です。このクラス全体の人数を求めなさい。

（　　　　　）

時間	得点
30分	
合格	
35点	50点

上級レベル 40　割　合（3）

1 次の問いに答えなさい。(5点×5)

(1) あるばねにおもりをつるしたところ，ばねの長さの 25 ％だけのびて，ばね全体の長さが 30 cm になりました。何もつるしていないときのばねの長さを求めなさい。

（　　　　　）

(2) 持っていたおこづかいの 62.5 ％を使って本を買ったところ，360 円が残りました。持っていたおこづかいの金額を求めなさい。

（　　　　　）

(3) 水そうにちょうど半分だけ水が入っています。この水そうに 12 L の水を入れると，水そうの容積全体の 74 ％になりました。水そうの容積を求めなさい。

（　　　　　）

(4) 落とした高さの 60 ％だけはねあがるボールがあります。ある高さからこのボールを落としたところ，90 cm はねあがりました。ボールを落とした高さは何 m か求めなさい。

（　　　　　）

(5) 校庭に男子と女子合わせて 609 人の児童がいます。男子 42 人と女子の 25 ％が教室にもどったので，校庭にいる男女の人数が同じになりました。はじめにいた女子の人数を求めなさい。

（　　　　　）

2 次の問いに答えなさい。(5点×5)

(1) 400 g の 36 ％は，何 g の 4 割 5 分と等しくなりますか。

（　　　　　）

(2) あるたこ焼き屋は，1 日目に 400 個売りました。2 日目は 1 日目より □ ％多く売り，3 日目は 2 日目より 12 ％多い 560 個売りました。□ にあてはまる数を求めなさい。　　[東京都市大等々力中]

（　　　　　）

(3) 持っているお金のうち，3750 円を貯金し，残りのお金の 3 割で本を買ったところ，7875 円が残りました。はじめに持っていた金額を求めなさい。

（　　　　　）

(4) ある地いきで積もった雪の深さをぼうではかると 100 cm でした。そのあとさらに雪がふったので，2 割だけ深くなり，ぼうの長さの 4 割になりました。ぼうの長さを求めなさい。

（　　　　　）

(5) 800 円で仕入れた品物を，定価の 2 割引きで売ったところ，40 円の損になりました。この品物の定価を求めなさい。

（　　　　　）

時間 20分	得点
合格 40点	50点

標準レベル 41 割合（4）

1 次の問いに答えなさい。（5点×5）

(1) 250mの120％は，何mの6割と同じですか。

（　　　　　）

(2) 14kgの2割5分の重さは，何gの40％増しになりますか。

（　　　　　）

(3) ただし君の持っているお金の60％は，2400円の3割5分です。ただし君の持っている金額を求めなさい。

（　　　　　）

(4) あるひもの37.5％を使いました。使ったひもの長さは，残りのひもの長さの何割になるか求めなさい。

（　　　　　）

(5) ある数の1割6分は，3200の15％です。ある数を求めなさい。

（　　　　　）

2 次の問いに答えなさい。（5点×5）

(1) ある中学校の生徒数は，580人です。そのうち55％が男子です。女子の人数を求めなさい。

（　　　　　）

(2) 虫歯の人が何人かいて，そのうち6割の人はちりょうが終わっています。ちりょうが終わっていない人は36人います。虫歯のちりょうが終わった人の人数を求めなさい。

（　　　　　）

(3) ガソリンは温度が10℃上がると，体積は1.35％増えます。このとき，40Lのガソリンは，何Lになりますか。

（　　　　　）

(4) まわりが84cmの長方形があります。この長方形のたての長さを$\frac{2}{3}$にすると，まわりの長さが68cmになります。もとの長方形の面積を求めなさい。

（　　　　　）

(5) 1000円で仕入れた品物に2割5分増しで定価をつけました。仕入れねは定価の何割ですか。

（　　　　　）

時間	30分
得点	
合格	35点
	50点

上級レベル 42 割　合 (4)

1 次の問いに答えなさい。(5点×5)

(1) 400円の6割にあたる金額は，500円の何％と同じ金額になりますか。

（　　　　　）

(2) 何人の40％が，800人の2割5分と同じ人数になりますか。

（　　　　　）

(3) ある数の2.5％は，156の3割に等しくなっています。ある数を求めなさい。

（　　　　　）

(4) 300円で仕入れた品物をいくらで売ると25％の利益になりますか。

（　　　　　）

(5) 15％の食塩水が300gあります。これに水を何g加えたら9％の食塩水になりますか。

（　　　　　）

2 次の問いに答えなさい。(5点×5)

(1) ペンキぬりの工事が行われています。今日300m²がぬられました。これは昨日まで行われた工事の12％にあたります。また，これはまだ残っている部分の1割5分にあたります。ペンキをぬる全体の面積を求めなさい。

（　　　　　）

(2) たろう君は持っているお金の20％でノートを買いました。残りのお金の6割2分5厘でえん筆を買ったところ，まだ120円残っていました。はじめに持っていた金額を求めなさい。

（　　　　　）

(3) りかさんは持っていたお金の6割よりも30円多い金額で本を買いました。残ったお金を調べてみると770円ありました。りかさんがはじめに持っていた金額を求めなさい。

（　　　　　）

(4) 12％の食塩水300gから何gの水をじょう発させると，18％の食塩水になりますか。　〔聖園女学院中一改〕

（　　　　　）

(5) ある品物に仕入れねの2割の利益を見こんで定価をつけたところ，売れなかったので，定価の15％引きの2550円で売りました。仕入れねはいくらでしたか。　〔日本女子大附中一改〕

（　　　　　）

標準 レベル 43 割合のグラフ

1 右の円グラフは，ある中学校の通学の方法をまとめたものです。**自転車で通学している人は全体の何％ですか。**（5点）

バス 44°
徒歩 208°
自転車

（　　　　　）

2 右の帯グラフは，ある家の1か月の生活費をこうもくごとに調べて，その割合を表したものです。これについて，次の問いに答えなさい。（5点×2）

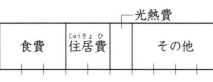

光熱費
食費　住居費　その他

(1) 食費の割合は，生活費全体の何％ですか。

（　　　　　）

(2) 住居費が75000円であるとき，光熱費はいくらですか。

（　　　　　）

3 右の円グラフは，5年生のクラブ加入者の割合を表しています。その他のクラブの人数は130人でした。次の問いに答えなさい。（5点×2）

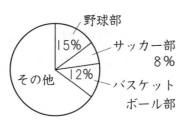

野球部
15%
サッカー部 8%
その他
12%
バスケットボール部

(1) 5年生の人数は何人ですか。

（　　　　　）

(2) サッカー部の人数は何人ですか。

（　　　　　）

4 次の帯グラフは，たろう君のある日の生活を表したものです。これについて，あとの問いに答えなさい。（5点×2）

すいみん	学校	遊び	その他

0 10 20 30 40 50 60 70 80 90 100%

(1) すいみん時間は，遊びの時間の何倍ですか。

（　　　　　）

(2) 学校にいた時間は，何時間何分ですか。

（　　　　　）

5 中学1年生全員に英語，数学，国語，社会，理科の5教科でいちばん好きな教科のアンケートをとりました。右の円グラフはその結果をまとめたものです。このとき，次の問いに答えなさい。（5点×3）

社会
理科 54°
英語 45人
国語
数学 43人

(1) 全体の人数を求めなさい。

（　　　　　）

(2) 理科と答えた生徒は全体の何％ですか。

（　　　　　）

(3) 円グラフで数学を表す部分の中心の角度を求めなさい。

（　　　　　）

学習日〔	月 日〕
時間 **30**分	得点
合格 **35**点	50点

上級レベル 44 割合のグラフ

1 右の円グラフは，ある中学校の 1 年生の通学方法を調べてまとめたものです。通学方法が 2 つ以上にまたがる人はいないものとして，次の問いに答えなさい。(6点×3)

(1) この中学校の 1 年生の人数は何人ですか。

( )

(2) 自転車通学を表す部分の中心の角度は何度ですか。

( )

(3) この円グラフを全体の長さが 48 cm の帯グラフで表すと，バス通学を表す部分の帯の長さは何 cm になりますか。

( )

2 右の円グラフは，ある中学校の生徒の通学方法を表したもので，電車通学の生徒は全体の 60 ％です。これについて，次の問いに答えなさい。(6点×2)

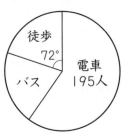

(1) 全体の生徒数は何人ですか。

( )

(2) バス通学を表している部分の中心の角度は何度ですか。

( )

3 下の帯グラフはある家の 1 か月の支出の割合を表したものです。グラフを見て，あとの問いに答えなさい。(5点×2)

1か月の支出の割合

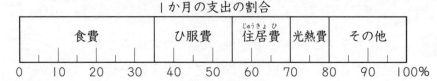

(1) 上の帯グラフを円グラフにかきかえるとき，住居費を表す部分の中心の角度は何度になりますか。

( )

(2) 食費が 7 万円であるとき，1 か月の支出の合計は何万円ですか。

( )

4 ある中学校で，1 年生全員のきょうだいの人数を調べ，その結果を右の円グラフに表しました。きょうだいが「2 人」の生徒は「3 人」の生徒の 3.5 倍で，「1 人」の生徒は「3 人」の生徒より 7 人多く，その他の生徒は 3 人でした。次の問いに答えなさい。(5点×2)

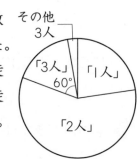

(1) 1 年生全体の人数は何人ですか。

( )

(2) きょうだいが「1 人」の生徒は何人ですか。

( )

45 最上級レベル 5

学習日〔　　月　　日〕

時間	得点
30分	
合格 35点	50点

1 次の問いに答えなさい。（6点×4）

(1) 重さが 500g の容器に，ある液体を 3L 入れて重さをはかったところ，2.9 kg でした。この液体 1dL の重さを求めなさい。

（　　　　　　）

(2) 定価の 1 割引きで売ると 150 円の利益があり，2 割引きで売ると 100 円の損になる商品の原価は何円ですか。　〔公文国際学園中〕

（　　　　　　）

(3) 図のように円と正方形が重なっています。色のついた部分の面積は円の面積の $\frac{1}{3}$ にあたり，正方形の面積の 60 ％にあたります。円の面積が 45 cm² であるとき正方形の 1 辺は何 cm ですか。　〔藤嶺学園藤沢中〕

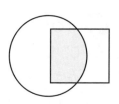

（　　　　　　）

(4) ある高さから水平なゆかに落下させると，もとの高さの 40 ％の高さまではずむボールがあります。ある高さからボールを落下させたところ，3 回目にはずんだボールの高さは 16 cm でした。落とした高さを求めなさい。

（　　　　　　）

2 A，B，C，D の 4 人が算数のテストを受けました。テストの結果は次のようでした。あとの問いに答えなさい。（6点×2）　〔立教池袋中〕

・A は D より 6 点高かった
・B，C の平均は 63 点だった
・A，C，D の平均は 70 点だった
・A，B，D の平均は 84 点だった

(1) A，B，C，D の 4 人の平均点は何点ですか。

（　　　　　　）

(2) A の得点は何点ですか。

（　　　　　　）

3 次の円グラフは，中学 1 年生の運動部の部員数についてまとめたものです。グラフの角㋐と角㋑は大きさが同じです。次の問いに答えなさい。（7点×2）

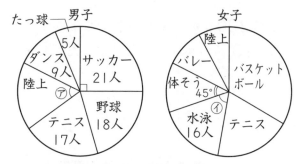

(1) 男子の運動部の部員数の合計は何人ですか。

（　　　　　　）

(2) 女子の体そう部の部員数は何人ですか。

（　　　　　　）

45

最上級レベル ⑥

学習日 [　　月　　日]

時間 30分	得点
合格 35点	50点

1 次の問いに答えなさい。(6点×4)

(1) スイカを定価の2割引きで4個買ったところ, しはらった代金は定価でスイカを5個買うときよりも, 1764円安くなりました。スイカ4個分のしはらった代金はいくらですか。〔立正大付属立正中〕

(　　　　　　　)

(2) ある学校の文化祭の入場者数は昨年より50人増えました。この人数は, 昨年の人数の80%よりも150人多い数でした。今年の入場者数を求めなさい。

(　　　　　　　)

(3) 5%の食塩水200gから水を何gかじょう発させ, 食塩8gを加えたところ, 10%の食塩水になりました。じょう発させた水は何gですか。〔桜美林中〕

(　　　　　　　)

(4) あるテストでたろう君の成績は国語が算数より4点高く, 理科と社会は同点でした。そして国語と算数の平均点は, この2教科に理科を加えた3教科の平均点より2点高く, 4教科全部の平均点は83点です。国語の点数を求めなさい。

(　　　　　　　)

2 A君とB君はお金を何円かずつ持っています。A君はそのお金の5割をB君にあげました。次にB君は持っているお金の25%をA君にあげました。その次にA君は, そのとき持っていたお金の半分をB君にあげました。すると2人が持っているお金はA君は550円, B君は1600円になりました。次の問いに答えなさい。

(7点×2)　〔江戸川学園取手中一改〕

(1) 最初にA君がB君にあげたお金はいくらですか。

(　　　　　　　)

(2) はじめにA君とB君が持っていたお金を答えなさい。

(A君　　　　　, B君　　　　　)

3 右の円グラフは, ある中学校の生徒がA, B, C, Dそれぞれの町から通っている人数を表したものです。D町から通っている生徒は全体の40%で, B町から通っている生徒はC町から通っている生徒の2倍います。次の問いに答えなさい。(6点×2)

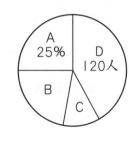

(1) この中学校の全部の生徒数を求めなさい。

(　　　　　　　)

(2) C町から通っている生徒数を求めなさい。

(　　　　　　　)

標準
レベル
47 **速　　さ (1)**

1 次の問いに答えなさい。（3点×3）

(1) 200 m を 25 秒で走る人の速さは，秒速何 m ですか。

(　　　　　　　)

(2) 3 km を 50 分で歩く人の速さは，分速何 m ですか。

(　　　　　　　)

(3) 324 km を 5 時間で進む電車の速さは，時速何 km ですか。

(　　　　　　　)

2 次の□にあてはまる数を求めなさい。（3点×5）

(1) 分速 75 m で 24 分歩くと□ m 進みます。

(　　　　　　　)

(2) 時速 16 km で 3 時間進むと□ km 進みます。

(　　　　　　　)

(3) 秒速 3.5 m で 54 秒進むと□ m 進みます。

(　　　　　　　)

(4) 分速 96 m で□時間□分歩くと 7200 m 進みます。

(　　　　　　　)

(5) 時速 50 km で□時間□分走ると 120 km 進みます。

(　　　　　　　)

3 次の□にあてはまる数を求めなさい。（3点×7）

(1) 時速 45 km ＝ 分速□ m

(　　　　　　　)

(2) 分速 2.4 km ＝ 秒速□ m

(　　　　　　　)

(3) 時速 21.6 km ＝ 秒速□ m

(　　　　　　　)

(4) 分速 48 m ＝ 時速□ km

(　　　　　　　)

(5) 秒速 1.7 m ＝ 分速□ m

(　　　　　　　)

(6) 秒速 2.75 m ＝ 時速□ km

(　　　　　　　)

(7) 分速 720 m ＝ 時速□ km

(　　　　　　　)

4 あきら君は，毎朝 7 時 50 分に家を出て，1.5 km はなれた学校に徒歩で行きます。今日は 8 時 20 分に学校に着きました。あきら君の歩く速さは分速何 m ですか。また分速 60 m で歩くと，学校には何時何分に着きますか。（5点）

(　　　　　　　)

1 次の□にあてはまる数を求めなさい。(3点×8)

(1) 分速48mで2時間25分歩くと□km進みます。

(　　　　　)

(2) 秒速2.6mで2時間歩くと□km進みます。

(　　　　　)

(3) 時速52kmで2時間15分走ると□km進みます。

(　　　　　)

(4) 分速□mで3時間歩くと18km進みます。

(　　　　　)

(5) 時速□kmで1時間40分歩くと9km進みます。

(　　　　　)

(6) 秒速□mで36分走ると3.456km進みます。

(　　　　　)

(7) 分速84mで□分走ると3.78km進みます。

(　　　　　)

(8) 時速48kmで□分走ると3.2km進みます。

(　　　　　)

2 次の□にあてはまる数を求めなさい。(3点×6)

(1) 時速48kmで□分走ると16km進みます。

(　　　　　)

(2) 分速630mで□秒走ると420m進みます。

(　　　　　)

(3) 時速27kmで□秒走ると300m進みます。

(　　　　　)

(4) 時速□kmで16分走ると4km進みます。

(　　　　　)

(5) 時速□kmで24秒走ると210m進みます。

(　　　　　)

(6) 分速□mで18秒走ると459m進みます。

(　　　　　)

3 A地点からB地点までのジョギングコースの道のりは3600mです。A地点からB地点までは分速100mで走り、B地点からA地点までは分速75mで走ると、往復するのに何時間何分かかりますか。(8点)

(　　　　　)

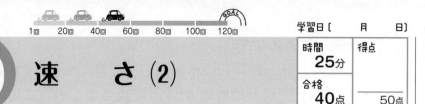
標準 レベル 49　速　　さ (2)

1 次の ☐ にあてはまる数を求めなさい。(5点×3)

(1) 時速 4.8 km で 50 分かかる道のりを, 時速 ☐ km で進むと 4 分かかります。

　　　　　　　　　　　　　　　　　(　　　　　　)

(2) 秒速 18 m の列車が 1 時間 40 分かかる道のりを, 時速 48 km の車で行くと, ☐ 時間 ☐ 分かかります。

　　　　　　　　　　　　　　　　　(　　　　　　)

(3) 分速 200 m の自転車で 1 時間かかる道のりを, 秒速 ☐ m で走ると 40 分かかります。

　　　　　　　　　　　　　　　　　(　　　　　　)

2 いちろう君が, 家から公園までの 6 km を時速 3 km で歩くと, 予定の時こくに着きます。**次の問いに答えなさい。**(5点×2)

(1) いちろう君は 9 時に家を出発しました。このとき, 予定のとう着時こくは何時ですか。

　　　　　　　　　　　　　　　　　(　　　　　　)

(2) 予定の時こくより 20 分早く着くためには, 分速何 m で歩けばよいですか。

　　　　　　　　　　　　　　　　　(　　　　　　)

3 6 km はなれた AB 間を往復するのに, 行きは時速 4 km で, 帰りは時速 5 km で歩きました。往復にかかった時間は何時間何分ですか。(7点)

　　　　　　　　　　　　　　　　　(　　　　　　)

4 50 km はなれたおじさんの家まで行くのに, A 君は 9 時 30 分に家を出ました。家の前から分速 500 m のバスに 20 分乗り, その後すぐに分速 1400 m の列車に 25 分乗りました。**次の問いに答えなさい。**(5点×2)

(1) 列車をおりたあと, おじさんの家までは残り何 km ですか。

　　　　　　　　　　　　　　　　　(　　　　　　)

(2) 列車をおりたあとは時速 6 km で歩くと, おじさんの家には何時何分に着きますか。

　　　　　　　　　　　　　　　　　(　　　　　　)

5 ひろき君は 3 時に学校を出て, 分速 60 m の速さで駅に向かって歩いていました。ところが学校を出てから 8 分後にわすれ物をしたことに気づき, 分速 120 m の速さで走ってもどりました。1 分でわすれ物をさがし出し, もどったときと同じ速さで走って駅に向かうと, 駅に着いたのは 3 時 28 分でした。**学校から駅までの道のりは何 m ですか。**(8点)

　　　　　　　　　　　　　　　　　(　　　　　　)

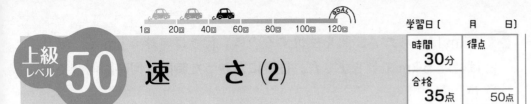

上級レベル 50 速 さ (2)

1 P地までの27kmの道のりをさちこさんは時速4.5kmで歩きます。50分歩くごとに10分休けいをとることにすると，P地に着くまでにかかった時間は何時間何分ですか。(7点)

（　　　　　　　）

2 ゆきさんは7時40分に家を出て，分速70mで学校に向かいました。この速さで行くと，始業時こくの8時20分に着きます。ところが，家を出て10分後にわすれ物に気づき，家に電話をかけて，その場所まで姉に持ってきてもらうことにしました。姉は7時54分に自転車で家を出て，分速140mでゆきさんが待っているところまで持ってきました。次の問いに答えなさい。(5点×3)

(1) 家から学校までは何mありますか。

（　　　　　　　）

(2) ゆきさんがわすれ物を受け取ったのは，何時何分ですか。

（　　　　　　　）

(3) わすれ物を受け取って，ゆきさんはすぐに学校に向かいましたが，始業時こくに間に合うためには，少なくとも分速何mで歩かなければなりませんか。

（　　　　　　　）

3 次の問いに答えなさい。(7点×4)

(1) 家からスーパーまで15kmの道のりを車で往復するのに，行きは時速30km，帰りは時速45kmで進みました。このとき往復の平均の速さは，時速何kmですか。

（　　　　　　　）

(2) 2400mの道のりをとちゅうまでは分速80mで進み，その後分速240mで走りました。全部で21分かかったとすると，走っていた時間は何分間ですか。

（　　　　　　　）

(3) P町までの道のりをはじめの40分間は歩きましたが，その後速さを2倍にして50分走ったところ，全部で8.4km進みました。はじめの歩いたときの速さは，分速何mですか。

（　　　　　　　）

(4) 公園までの道のり3kmを往復するのに，行きは分速100m，帰りは速さを増して帰ったところ，往復の平均の速さは分速120mになりました。帰りの速さは分速何mですか。

（　　　　　　　）

標準レベル 51 速　　さ (3) (旅人算)

1 あきこさんの家から学校までの道のりは 1800 m です。家から学校までの道のりをあきこさんは 30 分で歩き，妹は 45 分で歩きます。次の問いに答えなさい。(4点×4)

(1) あきこさんと妹の歩く速さは，それぞれ分速何 m ですか。

あきこ (　　　　　　　　) 妹 (　　　　　　　　)

(2) あきこさんは学校から家に向かって，妹は家から学校に向かって，同時に出発しました。2 人が出会うのは出発してから何分後ですか。

(　　　　　　　　)

(3) (2)のとき，2 人が出会う場所は，家から何 m の地点ですか。

(　　　　　　　　)

2 こうじ君の家から駅までの道のりは 960 m です。こうじ君は分速 40 m で歩きます。こうじ君が家を出て駅に向かうと同時に，お父さんが駅から家に向かって歩き始めました。2 人は出発してから 8 分後に出会いました。次の問いに答えなさい。(4点×3)

(1) こうじ君は駅まで何分で歩きますか。

(　　　　　　　　)

(2) お父さんの歩く速さは分速何 m ですか。

(　　　　　　　　)

(3) こうじ君が家を出てから 3 分後に，お父さんが家に向かって駅を出発すると，2 人が出会うのは，こうじ君が家を出てから何分後ですか。

(　　　　　　　　)

3 さとし君は分速 50 m，兄は分速 70 m で歩いて家から学校に行きます。さとし君が家を出発してから 6 分後に兄が出発しました。次の問いに答えなさい。(4点×3)

(1) 兄が出発するとき，さとし君は何 m 前にいますか。

(　　　　　　　　)

(2) 兄がさとし君に追いつくのは，兄が出発してから何分後ですか。

(　　　　　　　　)

(3) 兄がさとし君に追いつく地点は，家から何 m の地点ですか。

(　　　　　　　　)

4 兄が歩いて家を出てから 12 分たったとき，弟が家から自転車で分速 150 m で兄を追いかけたところ，弟が家を出てから 6 分後に兄に追いつきました。このときの兄の歩く速さは分速何 m ですか。(5点)

(　　　　　　　　)

5 姉と妹が同時に家を出て学校に向かいましたが，姉は妹より 3 分早く学校に着きました。姉は分速 65 m，妹は分速 50 m で歩くとすると，家から学校までの道のりは何 m ですか。(5点)

(　　　　　　　　)

上級
レベル
52 速 さ ⑶ (旅人算)

学習日〔　　月　　日〕	
時間 **30分**	得点
合格 **35点**	50点

1 A は分速 70 m，B は分速 50 m で歩きます。1800 m はなれた
ところから，2 人が向かい合って同時に歩き始めるとき，次の問い
に答えなさい。(4点×3)

(1) 歩き始めてから 5 分後には，2 人は何 m はなれていますか。

（　　　　　　）

(2) 2 人の間のきょりが 480 m になるのは 2 回あります。それは歩
き始めてから何分後と何分後ですか。

（　　　　　　）と（　　　　　　）

2 兄は分速 80 m，弟は分速 60 m で歩きます。2 人が同時に A 地
点を出発し，1680 m はなれた B 地点へ向かいます。兄は B 地点
に着くとすぐに同じ道を引き返します。次の問いに答えなさい。

(4点×2)

(1) 2 人がとちゅうで出会うのは，出発してから何分後ですか。

（　　　　　　）

(2) 2 人が出会った地点は，B 地点から何 m のところですか。

（　　　　　　）

3 P 地点と Q 地点の間を，A は分速 72 m で，B は分速 48 m で歩
きます。A は P から Q に向かって，B は Q から P に向かって同
時に出発すると，2 人が出会ったのは，2 地点のまん中から
144 m はなれたところでした。次の問いに答えなさい。(5点×3)

(1) 2 人が出会うまでに歩いた道のりの差は何 m ですか。

（　　　　　　）

(2) 2 人が出会ったのは，出発してから何分後ですか。

（　　　　　　）

(3) PQ 間は何 m ですか。

（　　　　　　）

4 こういち君とお父さんは，毎朝家から 1800 m はなれた公園まで
ジョギングで往復しています。こういち君は家を 6 時 30 分に，
お父さんは 6 時 36 分に出発しました。こういち君とお父さんの
走る速さがそれぞれ分速 90 m，分速 150 m のとき，次の問いに
答えなさい。(5点×3)

(1) お父さんがこういち君に追いつくのは何時何分ですか。

（　　　　　　）

(2) お父さんが帰り道でこういち君に再び出会うのは何時何分ですか。

（　　　　　　）

(3) こういち君が家にもどるのは，お父さんが家にもどってから何分後
ですか。

（　　　　　　）

学習日 [　　月　　日]

時間	20分
合格	40点

得点

50点

標準 レベル 53 変わり方 (1)

1 次のア～エで, 2つの量が比例するものをすべて答えなさい。(5点)

ア お父さんの年れいとお母さんの年れい

イ 1mの重さが1.2kgのはり金の長さと重さ

ウ 円の直径と円周の長さ

エ まわりの長さが10cmの長方形のたての長さと横の長さ

(　　　　　)

2 右の表は, あるばねにおも りをつるしたときの, おも りの重さとばねの長さの関

おもりの重さ(g)	20	40	60	80	…
ばねの長さ (cm)	15	17	19	21	…

係を表しています。これについて, 次の問いに答えなさい。(5点×2)

(1) おもりをつるしていないときのばねの長さは何cmですか。

(　　　　　)

(2) ばねの長さが30cmになるのは, 何gのおもりをつるしたときで すか。

(　　　　　)

3 右の表は, ある自動 車が一定の速さで進 んだときに使ったガ

ガソリンの量 (L)	6	12	18	24
進んだ道のり (km)	150	300	450	600

ソリンの量と進んだ道のりの関係を表しています。これについて, 次の問いに答えなさい。(5点×2)

(1) 45Lのガソリンで何km進みますか。

(　　　　　)

(2) 30分走ってガソリンを1L使いました。この自動車は1時間に 何km進みますか。

(　　　　　)

4 右の表は, 水そうに水をためた 時間とたまった水の量の関係を 表しています。これについて,

時間 (分)	1	2	3	4	…
水の量 (L)	3	6	9	12	…

次の問いに答えなさい。(5点×2)

(1) 15分間ためたときの, 水の量は何Lですか。

(　　　　　)

(2) 39Lの水をためるには何分かかりますか。

(　　　　　)

5 次の表は, 正三角形の1辺の長さとまわりの長さの関係を表して います。これについて, あとの問いに答えなさい。(5点×3)

1辺の長さ (cm)	1	2	3	4	…	10
まわりの長さ (cm)	3	6	9	12	…	ア

(1) 表のアにあてはまる数を求めなさい。

(　　　　　)

(2) 1辺の長さが15cmのときのまわりの長さは何cmですか。

(　　　　　)

(3) まわりの長さが75cmのときの1辺の長さは何cmですか。

(　　　　　)

1 2つの量○と△が、次のア～エの表のように変わるとき、比例する（ひれい）ものをすべて選びなさい。(5点)

ア

| ○ | 5 | 6 | 9 | 11 | 13 |
| △ | 2 | 3 | 6 | 8 | 10 |

イ

| ○ | 1 | 6 | 9 | 10 | 18 |
| △ | 20 | 15 | 12 | 11 | 3 |

ウ

| ○ | 2 | 4 | 8 | 10 | 16 |
| △ | 24 | 12 | 6 | 4.8 | 3 |

エ

| ○ | 3 | 6 | 9 | 10 | 18 |
| △ | 1.5 | 3 | 4.5 | 5 | 9 |

（　　　　）

2 正六角形の1辺の長さとまわりの長さの関係について、次の問いに答えなさい。(5点×2)

(1) 1辺の長さが4.5cmのときのまわりの長さを求めなさい。

（　　　　）

(2) まわりの長さが24cmのときの1辺の長さを求めなさい。

（　　　　）

3 右の表は、ある品物の重さと代金の関係を表しています。次の問いに答えなさい。(5点×2)

| 重さ (g) | 200 | 600 | 800 | … |
| 代金 (円) | 400 | 1200 | 1600 | … |

(1) 700円で買える、この品物の重さを求めなさい。

（　　　　）

(2) この品物6kgの代金を求めなさい。

（　　　　）

4 次の表は、あるガソリンの量と代金、進んだ道のりの関係を表しています。これについて、あとの問いに答えなさい。(5点×3)

ガソリンの量 (L)	5	10	15	20
代金 (円)	750	1500	2250	3000
進んだ道のり (km)	115	230	345	460

(1) ガソリン40Lの代金を求めなさい。

（　　　　）

(2) 代金が7200円のときのガソリンの量を求めなさい。

（　　　　）

(3) 7500円分のガソリンで進むことができる道のりを求めなさい。

（　　　　）

5 2種類のばねAとBがあります。つるすおもりの重さとばねののびる長さは比例します。右の表は、おもりの重さとばねA、Bの長さの関係を表しています。表のア、イにあてはまる数を求めなさい。(5点×2)

| おもりの重さ (g) | 0 | 105 | 210 |
| ばねAの長さ (cm) | 12 | ア | 24 |

| おもりの重さ (g) | 0 | 70 | 280 |
| ばねBの長さ (cm) | イ | 14 | 32 |

ア（　　　　）　イ（　　　　）

標準レベル 55 変わり方 (2)

1 次の問いに答えなさい。(6点×2)

(1) 右の図のようにマッチぼうをならべて正三角形を作ります。マッチぼうを99本使うと、正三角形は何個できますか。 〔東海大付属相模中〕

( )

(2) おはじきを、右の図のようにあるきまりにしたがってならべました。50番目の図形には何個のおはじきが使われていますか。

1番目　　2番目　　3番目

( )

2 コインを、右の図のようにあるきまりにしたがってならべていきます。これについて、次の問いに答えなさい。(6点×2)

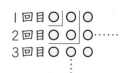
1回目 ○ ○ ○
2回目 ○ ○ ○ ……
3回目 ○ ○ ○

(1) 6回目にならべるコインは何個ですか。

( )

(2) 10回目までにならべるコインは全部で何個ですか。

( )

3 ▽と△のタイルを、右の図のようにあるきまりにしたがってならべていきます。これについて、次の問いに答えなさい。(6点×2)

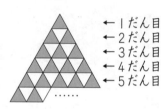
←1だん目
←2だん目
←3だん目
←4だん目
←5だん目
……

(1) 7だん目までにならんでいる▽のタイルは全部で何まいですか。

( )

(2) 1だん目から使った△のタイルが全部で120まいになるのは何だん目までならべたときですか。

( )

4 1本1cmの竹ひごを使って、図1のように1辺が1cmの正方形に区切られた1辺が2cmの正方形をつくると、竹ひごは12本必要です。また、図2のように1辺が3cmの正方形をつくると、竹ひごは24本必要です。これについて、次の問いに答えなさい。(7点×2)

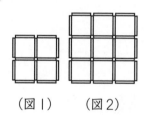
(図1)　　(図2)

(1) 同じように、1辺が1cmの正方形に区切られた1辺が6cmの正方形をつくるには、竹ひごは何本必要ですか。

( )

(2) 200本の竹ひごがあります。1辺が1cmの正方形に区切られたできるだけ大きな正方形をつくると、1辺が何cmの正方形ができますか。

( )

学習日〔　　月　　日〕

時間	得点
30分	
合格 **35点**	50点

上級レベル 56　変わり方 (2)

1 右の図のように、マッチぼうをならべて正方形をつくります。これについて、次の問いに答えなさい。(5点×2)

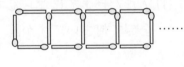

(1) 正方形を25個つくるには、マッチぼうは何本必要ですか。

（　　　　　）

(2) マッチぼうを100本使うと、正方形は何個できますか。

（　　　　　）

2 右の図のように、白玉と黒玉を規則的にならべています。このとき、次の問いに答えなさい。

1番目　　2番目　　　3番目

(5点×2)〔十文字中〕

(1) 15番目の白玉の数は何個ですか。

（　　　　　）

(2) 黒玉の数が64個になるのは何番目ですか。

（　　　　　）

3 右の図のように、マッチぼうを使って正三角形をつくっていきます。次の問いに答えなさい。(6点×2)

1番目　2番目　　3番目

(1) 5番目をつくるとき、1番目と同じ大きさの正三角形は何個できますか。

（　　　　　）

(2) 7番目をつくるとき、マッチぼうは何本必要ですか。

（　　　　　）

4 1辺の長さが1cmの正方形のタイルを右の図のようにならべていきます。これについて、次の問いに答えなさい。(6点×3)

1番目　2番目　　　3番目

(1) 5番目の図形のまわりの長さを求めなさい。

（　　　　　）

(2) 6番目の図形で使われるタイルは何まいですか。

（　　　　　）

(3) 図形のまわりの長さが108cmのとき、使われるタイルは何まいですか。

（　　　　　）

 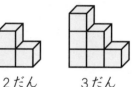

57 最上級レベル 7

時間	得点
30分	
合格	
35点	50点

1 次の問いに答えなさい。

(1) 18 km の道のりを自転車で行きは時速 9 km, 帰りは時速 6 km の速さで進みました。このときの往復の平均の速さは時速何 km ですか。(5点)

（　　　　　）

(2) 白と黒のご石を右のような規則でならべて正方形をつくっていきます。(6点×2)

① いちばん外側の正方形の 1 辺にご石が 10 個ならんでいるとき, 黒いご石は全部で何個ありますか。

（　　　　　）

② いちばん外側の周囲に, ご石が全部で 68 個ならんでいるとき, 白と黒のご石の差は何個ですか。

（　　　　　）

2 明君と正君は家から 3 km の地点にある図書館へ向かいました。明君は午前 10 時に出発し, 毎分 90 m の速さである地点まで歩きました。何分間か休けいをした後, 毎分 150 m の速さで 11 分間走ったところ, 図書館に着きました。正君は明君が出発してから 15 分後に, 自転車に乗って毎時 12 km の速さで向かったところ, 明君と正君は同時に図書館に着きました。このとき, 次の問いに答えなさい。(5点×3)

〔日本大第三中〕

(1) 明君が休けいをしたのは, 家から何 m の地点ですか。

（　　　　　）

(2) 明君と正君が図書館に着いた時こくは, 午前何時何分ですか。

（　　　　　）

(3) 明君は何分間休けいをしましたか。

（　　　　　）

3 右の図は, 1 辺が 1 cm の立方体を規則的に積み重ねたものです。このとき, 次の問いに答えなさい。

(6点×3) 〔神奈川学園中〕 1 だん　2 だん　3 だん

(1) 8 だん重ねたときの立体の体積を求めなさい。

（　　　　　）

(2) 10 だん重ねたときの立体の表面積を求めなさい。

（　　　　　）

(3) 立方体をちょうど 120 個使ったときの立体の表面積を求めなさい。

（　　　　　）

58 最上級レベル ⑧

時間 **30分**　得点
合格 **35点**　　50点

1 次の問いに答えなさい。（6点×2）

(1) 6分間で432m歩く人が1時間半歩いた道のりを自動車で行くと8分かかりました。この自動車の速さは時速何kmですか。

（　　　　　　　）

(2) まおさんは家から図書館まで分速60mの速さで歩きました。帰りは時速36kmのバスでもどってきたので，行きよりも54分早く着きました。家から図書館までの道のりは何kmですか。

（　　　　　　　）

2 長さ1cmのはり金が何本かあります。このはり金を使って，右の図のように1辺の長さが1cm，2cm，3cm，……の正三角形をつくっていき，これらの正三角形を順に1番目，2番目，3番目，……とします。このとき，次の問いに答えなさい。（7点×2）

1番目　　2番目

3番目　……

〔青稜中一改〕

(1) 8番目の正三角形で使われているはり金の本数を求めなさい。

（　　　　　　　）

(2) 使ったはり金の本数が513本である正三角形は何番目になりますか。

（　　　　　　　）

3 図のように1辺6cmの正方形ABCEと正三角形のCDEがあります。点Pは点Aを出発し，A→B→C→E→A→…の順に毎秒3cmの速さで動きます。点Qは点Cを出発し，C→D→E→C→…の順に毎秒2cmの速さで動きます。2点P，Qが同時に出発しました。次の問いに答えなさい。（8点×3）

〔帝塚山中〕

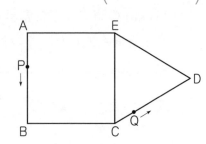

(1) 点Pと点QがEで初めて出合うのは出発してから何秒後ですか。

（　　　　　　　）

(2) 点Pと点QがEで2回目に出合うのは出発してから何秒後ですか。

（　　　　　　　）

(3) 点Pと点QがEで初めて出合ってから2回目に出合うまでに，何回出合っていますか。ただし，初めと最後の出合いは，数えないものとします。

（　　　　　　　）

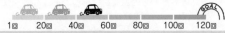
時間 30分	得点
合格 40点	50点

標準レベル 59 図形の角 (1)

1 次の三角形のアの角の大きさを求めなさい。(3点×6)

(1)
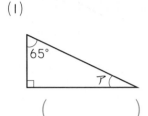
65°
（　　　　　）

(2)
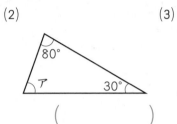
80°　ア　30°
（　　　　　）

(3)
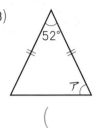
52°　ア
（　　　　　）

(4)
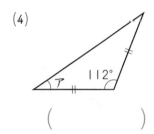
ア　112°
（　　　　　）

(5)
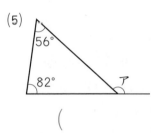
56°　82°　ア
（　　　　　）

(6)
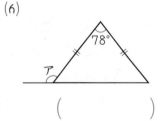
78°　ア
（　　　　　）

2 次の四角形のアの角の大きさを求めなさい。(3点×4)

(1)
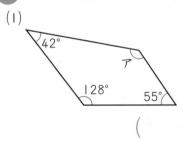
42°　ア　128°　55°
（　　　　　）

(2)
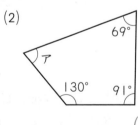
69°　ア　130°　91°
（　　　　　）

(3)
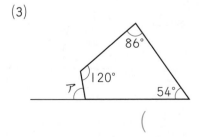
86°　120°　ア　54°
（　　　　　）

(4)
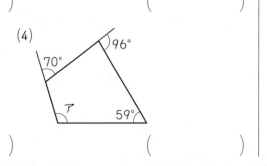
96°　70°　ア　59°
（　　　　　）

3 次の表は、多角形の辺の数と、1つの頂点から対角線をひいてできる三角形の数と、角の大きさの和をまとめたものです。これについて、次の問いに答えなさい。(1点×5)

	三角形	四角形	五角形	六角形	……
辺の数	3	4	5	6	……
三角形の数	1	2	ア	イ	……
角の大きさの和	180°	180°×2	ウ	エ	……

(1) 表のア〜エにあてはまる数や式を求めなさい。

ア（　　　　）　イ（　　　　）　ウ（　　　　）　エ（　　　　）

(2) 多角形の辺の数を△本とすると、角の大きさの和は、次のような式で求めることができます。□にあてはまる数を求めなさい。

180°×(△−□)

（　　　　　）

4 次の問いに答えなさい。(5点×3)

(1) 九角形の角の大きさの和は何度ですか。

（　　　　　）

(2) 右の図の角A、角B、角D、角Eの大きさの和は何度ですか。

（　　　　　）

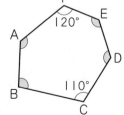
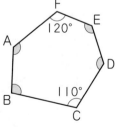
F　E　120°　A　D　B　110°　C

(3) 二十二角形の角の大きさの和は何度ですか。

（　　　　　）

学習日〔　　月　　日	
時間 **30**分	得点
合格 **35**点	50点

上級レベル 60 図形の角（1）

1 次の図のアの角の大きさを求めなさい。（5点×4）

(1)
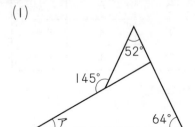

（　　　　　　）

(2)
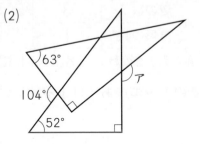

（　　　　　　）

(3)
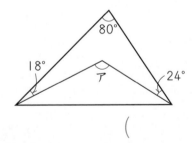

（　　　　　　）

(4) DB＝DC
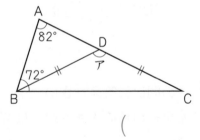

（　　　　　　）

2 次の図のアの角の大きさを求めなさい。（5点×4）

(1) 四角形 ABCD は長方形で，
CD＝CE
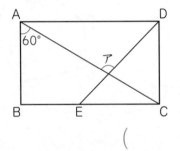

（　　　　　　）

(2)
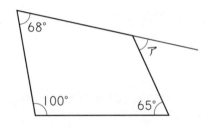

（　　　　　　）

(3) 四角形 ABCD は平行四辺形
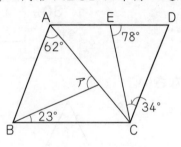

（　　　　　　）

(4) 四角形 ABCD はひし形
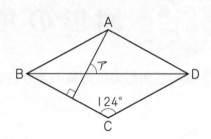

（　　　　　　）

3 次の問いに答えなさい。（5点×2）

(1) 右の図で，AE＝AF，角 BAC＝76°，
角 ABD＝34°，角 ADB＝90° です。
角 ACF の大きさを求めなさい。

〔女子美術大付中〕

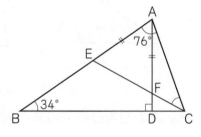

（　　　　　　）

(2) 図の三角形 ABC は辺 AB，BC の長さが等
しい二等辺三角形です。AD，BD，CD の長
さが等しいとき，㋐の角度を求めなさい。

〔帝京大中〕

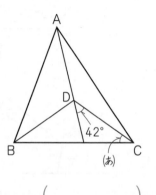

（　　　　　　）

図形の角 (2)

1 次の図のアの角の大きさを求めなさい。(5点×4)

(1) 四角形 ABCD は正方形,
三角形 EBC は正三角形

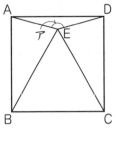

(　　　　　)

(2) 四角形 ABCD は正方形,
三角形 EBC は正三角形

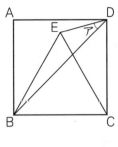

(　　　　　)

(3) 四角形 ABCD は正方形,
CD=CE

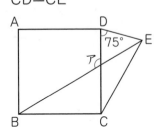

(　　　　　)

(4) 三角形 ABC は正三角形,
四角形 ADEF は正方形

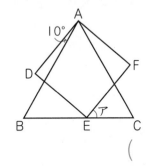

(　　　　　)

2 次の図のアの角の大きさを求めなさい。(5点×2)

(1)
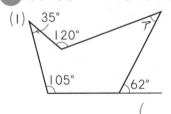

(　　　　　)

(2)
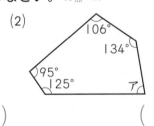

(　　　　　)

3 次の問いに答えなさい。(5点×4)

(1) 右の図は, 長方形を PQ を折り目とし
て折り曲げたものです。アの角の大きさ
を求めなさい。

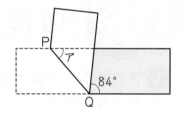

(　　　　　　　　　　)

(2) 右の図は, 長方形を PQ を折り目として折
り曲げたものです。アとイの角の大きさを求
めなさい。

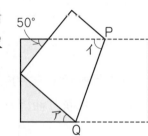

ア(　　　　) イ(　　　　)

(3) 右の図は, 正方形を PQ を折り目として折り
曲げたものです。アの角の大きさを求めなさい。

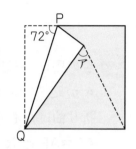

(　　　　　　　　　　)

上級レベル **62** 図形の角 (2)

時間	30分
合格	35点
得点	50点

1 次の図のアの角の大きさを求めなさい。（5点×4）

(1) 四角形 ABCD は正方形，三角形 CDE は正三角形

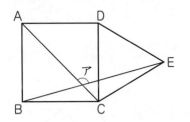

（　　　　　　）

(2) 四角形 ABCD は正方形，三角形 EBC と CFD は正三角形

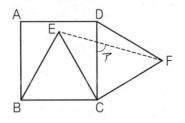

（　　　　　　）

(3) 平行四辺形を対角線を折り目として折り曲げた

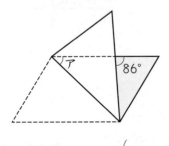

（　　　　　　）

(4)

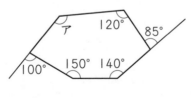

（　　　　　　）

2 右の図は，三角形 ABC を点 A が辺 BC 上にくるように折り曲げたものです。AE＝AF となるとき，角アの大きさを求めなさい。（6点）

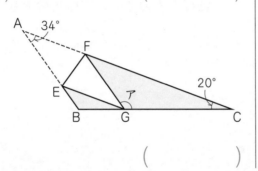

（　　　　　　）

3 右の図は，正三角形 ABC を点 A が辺 BC 上にくるように折り曲げたものです。このとき，次の問いに答えなさい。（6点×2）

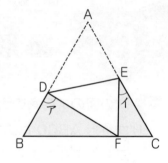

(1) 角 ADE と角 AED の大きさの和を求めなさい。

（　　　　　　）

(2) ア＋イの角の和を求めなさい。

（　　　　　　）

4 次の問いに答えなさい。（6点×2）

(1) 右の図で，三角形 ABC は BC を底辺とする二等辺三角形で，三角形 ABD は正三角形です。角アの大きさを求めなさい。

〔大宮開成中一改〕

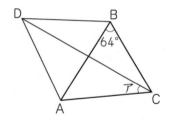

（　　　　　　）

(2) 右の図で，角 A，B，C，D，E の角度の和を求めなさい。

〔桐蔭学園中〕

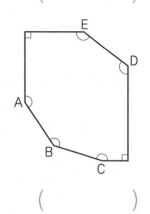

（　　　　　　）

標準レベル 63 図形の角 (3)

1 次の問いに答えなさい。(5点×4)

(1) 右の図でAとBは平行です。このとき，角アの大きさを求めなさい。

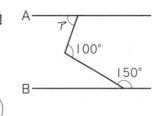

(　　　　　)

(2) 右の図の㋐の角の大きさを求めなさい。〔清泉女学院中〕

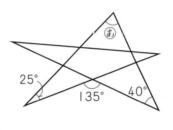

(　　　　　)

(3) 右の図で，三角形ABCは正三角形，四角形DEFGは正方形です。このとき，角アの大きさを求めなさい。

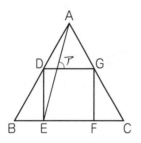

(　　　　　)

(4) 右の図の角A，角B，角C，角D，角Eの大きさの和を求めなさい。

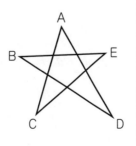

(　　　　　)

2 次の問いに答えなさい。(6点×5)

(1) 右の図で，AとBは平行です。このとき，角アの大きさを求めなさい。〔トキワ松学園中〕

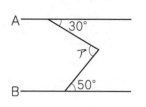

(　　　　　)

(2) 右の図の角アの大きさを求めなさい。〔和洋国府台女子中〕

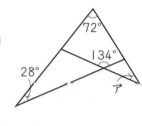

(　　　　　)

(3) 右の図の角アとイの大きさを求めなさい。〔城北埼玉中〕

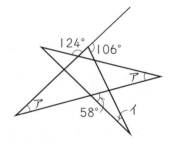

ア(　　　　　) イ(　　　　　)

(4) 右の図の角アの大きさを求めなさい。〔多摩大附属聖ヶ丘中〕

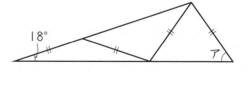

(　　　　　)

上級
レベル
64 **図形の角 (3)**

学習日〔　　月　　日〕

時間	得点
30分	
合格	
35点	50点

1 次の問いに答えなさい。(5点×2)

(1) 右の図でAとBは平行です。このとき，角アの大きさを求めなさい。

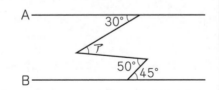

（　　　　　）

(2) 右の図の⑦の角の大きさを求めなさい。ただし，ABとDEは平行です。　〔多摩大目黒中〕

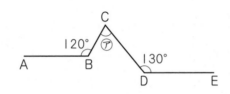

（　　　　　）

2 右の図は1目もり1cmの方眼紙です。次の問いに答えなさい。(5点×2)　〔頌栄女子学院中一改〕

(1) 三角形ABCの名前を答えなさい。

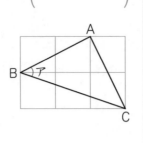

（　　　　　）

(2) 角アの大きさを求めなさい。

（　　　　　）

3 右の図の⑦の角の大きさを求めなさい。

(6点)〔日本大豊山女子中〕

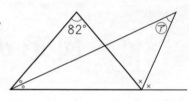

（　　　　　）

4 右の図を見て，次の問いに答えなさい。

(6点×2)〔足立学園中一改〕

(1) ○＋●の角の和を求めなさい。

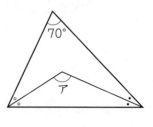

（　　　　　）

(2) アの角の大きさを求めなさい。

（　　　　　）

5 右の図で，AB＝AC，AD＝BD＝BC です。これについて，次の問いに答えなさい。(6点×2)

(1) 角Cの大きさは，角Aの大きさの何倍ですか。

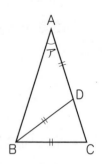

（　　　　　）

(2) 角アの大きさを求めなさい。

（　　　　　）

標準レベル **65** 合同な図形

1 次の図の中から，合同な図形の組み合わせを3組選んで答えなさい。(5点)

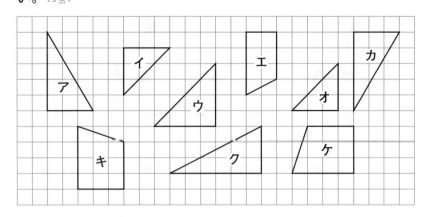

（　　　　　　　　）

2 右の図のような2つの合同な三角形があります。これについて，次の問いに答えなさい。(5点×3)

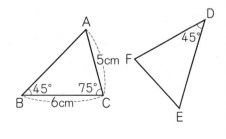

(1) 頂点Cに対応する頂点を書きなさい。

（　　　　　　　　）

(2) 辺EFの長さは何cmですか。

（　　　　　　　　）

(3) 角Fの大きさは何度ですか。

（　　　　　　　　）

3 右の長方形について，次の問いに答えなさい。(6点×3)

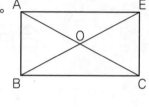

(1) 三角形OECの名前を書きなさい。

（　　　　　　　　）

(2) 三角形OAEと合同な三角形を答えなさい。

（　　　　　　　　）

(3) 三角形AECと合同な三角形は何個ありますか。

（　　　　　　　　）

4 右の図のような三角形ABCがあります。辺の長さや角の大きさをはかってこれと合同な三角形をかくとき，次の問いに答えなさい。(6点×2)

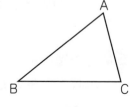

(1) 角Aの大きさと角Cの大きさをはかったとき，あと1つ何をはかればよいか書きなさい。

（　　　　　　　　）

(2) 辺ABと辺BCの長さをはかったとき，あと1つ何をはかればよいですか。考えられるものをすべて書きなさい。

（　　　　　　　　）

時間	得点
20分	
合格 **35**点	**50**点

上級レベル 66 合同な図形

1 右の図のような2つの合同な四角形があります。これについて，次の問いに答えなさい。(5点×4)

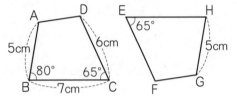

(1) 頂点 D に対応する頂点を書きなさい。

（　　　　　　　　）

(2) 辺 CD に対応する辺を書きなさい。

（　　　　　　　　）

(3) 辺 EH の長さは何 cm ですか。

（　　　　　　　　）

(4) 角 H の大きさは何度ですか。

（　　　　　　　　）

2 右の図のような三角形 ABC があります。辺の長さや角の大きさをはかってこれと合同な三角形をかくとき，次の問いに答えなさい。(5点×2)

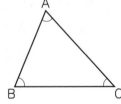

(1) 辺 AB の長さと角 B の大きさをはかったとき，あと1つ何をはかればよいですか。考えられるものをすべて書きなさい。

（　　　　　　　　）

(2) 辺 BC と辺 CA の長さをはかったとき，あと1つ何をはかればよいですか。考えられるものをすべて書きなさい。

（　　　　　　　　）

3 右の図のような四角形と合同な四角形をかこうと思い，それぞれの辺の長さや対角線の長さ，角の大きさを調べて印をつけました。①～⑧の調べ方のうち，合同な四角形がかけるものをすべて選んで答えなさい。(5点)

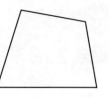

①　②　③　④

⑤　⑥　⑦　⑧

（　　　　　　　　）

4 右の図で，三角形 DEF は三角形 ABC を，右へ平行にずらしたものです。これについて，次の問いに答えなさい。(5点×3)

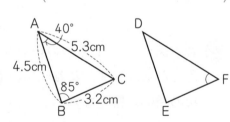

(1) 辺 DE の長さは何 cm ですか。

（　　　　　　　　）

(2) 角 F の大きさは何度ですか。

（　　　　　　　　）

(3) 頂点 A と D，頂点 C と F を結んでできる四角形 ACFD の名前を書きなさい。

（　　　　　　　　）

標準レベル 67 三角形と四角形の面積（1）

1 次の平行四辺形の面積を求めなさい。（3点×4）

(1)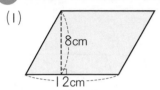
8cm
12cm

（　　　　　）

(2)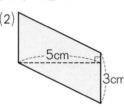
5cm
3cm

（　　　　　）

(3)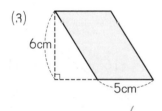
6cm
5cm

（　　　　　）

(4)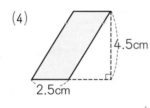
4.5cm
2.5cm

（　　　　　）

2 次の三角形の面積を求めなさい。（3点×4）

(1)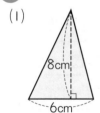
8cm
6cm

（　　　　　）

(2)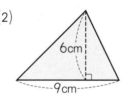
6cm
9cm

（　　　　　）

(3)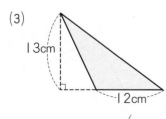
13cm
12cm

（　　　　　）

(4)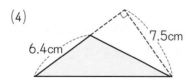
6.4cm
7.5cm

（　　　　　）

3 次の問いに答えなさい。（4点×4）

(1) 面積が 24 cm²，底辺が 2.4 cm の平行四辺形の高さは何 cm ですか。

（　　　　　）

(2) 面積が 48 cm²，高さが 2.4 cm の平行四辺形の底辺は何 cm ですか。

（　　　　　）

(3) 面積が 56 cm²，底辺が 16 cm の三角形の高さは何 cm ですか。

（　　　　　）

(4) 面積が 60 cm²，高さが 12.5 cm の三角形の底辺は何 cm ですか。

（　　　　　）

4 次の問いに答えなさい。（5点×2）

(1) 底辺が 10 cm，高さが 8 cm の三角形と面積が等しく，底辺が 8 cm の平行四辺形の高さは何 cm ですか。

（　　　　　）

(2) 底辺が 18 cm，高さが 12 cm の平行四辺形と面積が等しく，高さが 27 cm の三角形の底辺は何 cm ですか。

（　　　　　）

三角形と四角形の面積 (1)

1 次の問いに答えなさい。(5点×5)

(1) 右の図のアの三角形とイの三角形の面積の和を求めなさい。

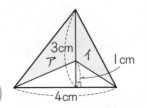

（　　　　　　　）

(2) 右の図は平行四辺形です。四角形アとイの部分の面積の和を求めなさい。

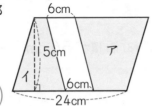

（　　　　　　　）

(3) 右の図のように，長方形をアとイの2つに分けました。アとイの面積の差が 45 cm² のとき，この長方形のたての長さを求めなさい。

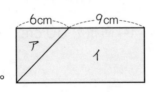

（　　　　　　　）

(4) 右の図のように，1辺の長さが 124 cm の正方形から，4つの合同な三角形を切り取ると正方形が残ります。この正方形の1辺の長さを求めなさい。

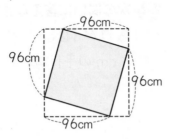

（　　　　　　　）

(5) 右の図のアの三角形の面積はイの三角形の面積の何倍になっているか求めなさい。

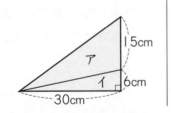

（　　　　　　　）

2 次の問いに答えなさい。(5点×5)

(1) 右の図のような長方形があります。色のついた部分の面積を求めなさい。　〔佼成学園中〕

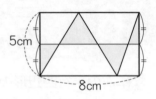

（　　　　　　　）

(2) 右の図は平行四辺形です。色のついた部分の面積を求めなさい。　〔東海大付属相模中〕

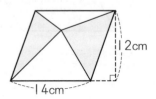

（　　　　　　　）

(3) 右の図で，色のついた部分の面積を求めなさい。　〔横浜富士見丘学園中〕

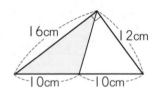

（　　　　　　　）

(4) 右の図のように長方形の土地に，道が通っています。色のついた部分の面積を求めなさい。　〔東京家政学院中〕

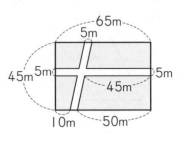

（　　　　　　　）

(5) 右の図の四角形 ABCD は平行四辺形です。AE の長さを求めなさい。

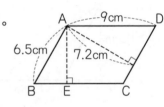

（　　　　　　　）

標準レベル 69 三角形と四角形の面積 (2)

時間	20分	得点
合格	40点	50点

1 次の台形の面積を求めなさい。（3点×4）

(1)
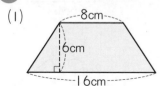
8cm
6cm
16cm

(2)
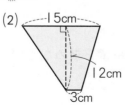
15cm
12cm
3cm

(　　　　)　(　　　　)

(3)
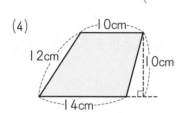
18cm
8cm
9cm

(4)
10cm
12cm
10cm
14cm

(　　　　)　(　　　　)

2 次のひし形の面積を求めなさい。（3点×4）

(1)
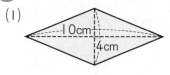
10cm
4cm

(2)
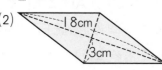
8cm
3cm

(　　　　)　(　　　　)

(3)
12cm
4cm

(4)
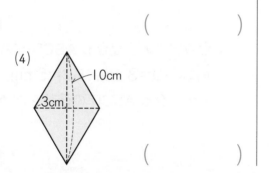
10cm
3cm

(　　　　)　(　　　　)

3 次の問いに答えなさい。（4点×4）

(1) 面積が 32 cm²，高さが 4 cm，上底が 4.8 cm の台形の下底は何 cm ですか。

(　　　　)

(2) 面積が 10.5 cm²，1 つの対角線が 7 cm のひし形のもう一方の対角線は何 cm ですか。

(　　　　)

(3) 上底が 3 cm，下底が 8 cm，高さが 8 cm の台形の面積と等しく，1 つの対角線が 8 cm のひし形のもう一方の対角線は何 cm ですか。

(　　　　)

(4) 2 つの対角線が 4.5 cm と 10.4 cm のひし形の面積と等しく，底辺が 5.2 cm の三角形の高さは何 cm ですか。

(　　　　)

4 次の四角形の面積を求めなさい。（5点×2）

(1)
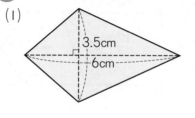
3.5cm
6cm

(2)
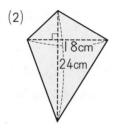
8cm
24cm

(　　　　)　(　　　　)

三角形と四角形の面積 (2)

1 次の問いに答えなさい。(5点×4)

(1) 右の図のような台形 ABCD があり, AB＝DC, 角 ABC と角 DCB はどちらも 45°です。この台形の面積を求めなさい。

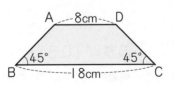

(　　　　　)

(2) 右の図の四角形 ABCD は面積が 240 cm² の台形で, アとイの面積は等しくなっています。このとき, EC の長さを求めなさい。

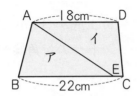

(　　　　　)

(3) 右の図のようなひし形 ABCD で, BD の長さを求めなさい。

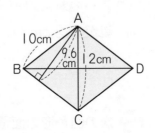

(　　　　　)

(4) 右の図のように, 平行な直線 A と B に三角形とひし形がはさまれています。ひし形の対角線と直線 A, B は平行です。このとき, ひし形の面積を求めなさい。

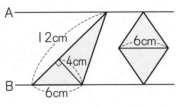

(　　　　　)

2 次の問いに答えなさい。(6点×5)

(1) 右の図形の面積を求めなさい。

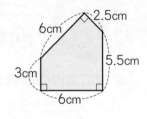

(　　　　　)

(2) 右の図形の面積を求めなさい。

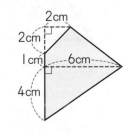

(　　　　　)

(3) 右の図形の面積を求めなさい。

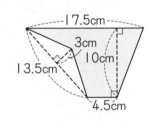

(　　　　　)

(4) 右の図で, 点 E と点 F はそれぞれ AB, DC のまん中の点で, AD と EF と BC は平行です。このとき, 四角形 AEFD と四角形 EBCF の面積の差を求めなさい。

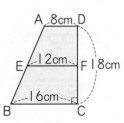

(　　　　　)

(5) 右の図のような台形 ABCD があり, AB＝AD＝3 cm, BC＝5 cm, AC＝4 cm です。台形 ABCD の面積を求めなさい。

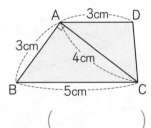

(　　　　　)

標準レベル 71 複合図形の面積 （1）

1 次の問いに答えなさい。（5点×5）

(1) 次の四角形 ABCD の面積を求めなさい。

①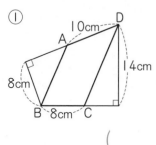

（　　　　　　）

②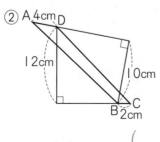

（　　　　　　）

(2) 右の図の四角形 ABCD は 1 辺の長さが 6 cm の正方形で，E と F はそれぞれ，辺 AB，辺 AD のまん中の点です。このとき，三角形 CEF の面積を求めなさい。

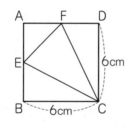

（　　　　　　）

(3) 右の図のように，対角線の長さが 12 cm と 9 cm のひし形を，たて 18 cm，横 24 cm の長方形の中にならべました。4 つのひし形以外の部分の面積の和を求めなさい。

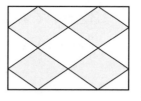

（　　　　　　）

(4) 右の図で，四角形 ADEC の面積を求めなさい。

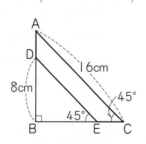

（　　　　　　）

2 右の図のような台形 ABCD があります。このとき，三角形 ABE の面積を求めなさい。（5点）

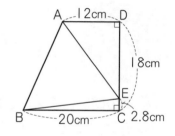

（　　　　　　）

3 右の図の四角形 ABCD は長方形で，三角形 AEF の面積は 25.2 cm² です。これについて，次の問いに答えなさい。（5点×2）

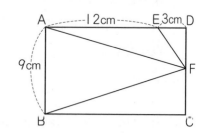

(1) 三角形 ABF の面積を求めなさい。

（　　　　　　）

(2) DF の長さを求めなさい。

（　　　　　　）

4 右の図の四角形 ABCD は長方形で，四角形 EBFD の面積は 164 cm² です。これについて，次の問いに答えなさい。（5点×2）

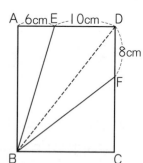

(1) 三角形 BDF の面積を求めなさい。

（　　　　　　）

(2) AB の長さを求めなさい。

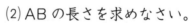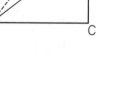

（　　　　　　）

上級レベル 72 　複合図形の面積（1）

1 次の問いに答えなさい。（5点×5）

(1) 右の図は長方形に，垂直に交わる2本の直線 AB と CD をひいたものです。AB＝5cm，CD＝7cm のとき，この長方形の面積を求めなさい。

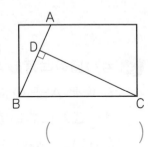

（　　　　　）

(2) 右の図の四角形 ABCD は，1辺の長さが6cm の正方形で，FD の長さは 4.5cm です。これについて，次の問いに答えなさい。
① 三角形 FCD の面積を求めなさい。

（　　　　　）

② 三角形 ECD の面積を求めなさい。

（　　　　　）

③ AE の長さを求めなさい。

（　　　　　）

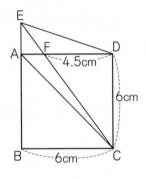

(3) 右の図で，四角形 ABCD は長方形です。三角形 AEF の面積が 11cm² のとき，DE の長さを求めなさい。

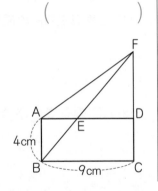

（　　　　　）

2 次の問いに答えなさい。（5点×5）

(1) 右の図の四角形 ABCD は長方形です。また，三角形 AFD の面積は，三角形 FEC の面積よりも 8cm² 大きくなっています。これについて，次の問いに答えなさい。
① 三角形 DBC の面積を求めなさい。

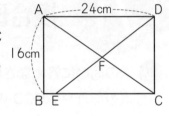

（　　　　　）

② EC の長さを求めなさい。

（　　　　　）

(2) 右の図で，三角形 DFG の面積を求めなさい。

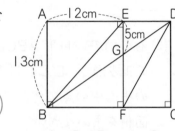

（　　　　　）

(3) 図のように平行四辺形 ABCD があり，色のついた部分の面積の和が 32cm² であるとき，ED の長さを求めなさい。　〔千葉日本大第一中〕

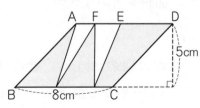

（　　　　　）

(4) 右の図のように，平行四辺形 ABCD の内部に点 P をとります。三角形 PAB と三角形 PCD の面積を合わせた面積を求めなさい。　〔芝浦工業大中〕

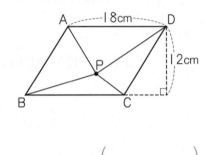

（　　　　　）

標準レベル 73 複合図形の面積（2）

1 次の問いに答えなさい。（6点×5）

(1) 右の図の色のついた部分の面積を求めなさい。

〔聖望学園中〕

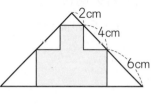

（　　　　　　　　　）

(2) 右の図の色のついた部分は直角二等辺三角形から5つの直角二等辺三角形を切り取った残りの部分です。色のついた部分の面積を求めなさい。

〔明治大付属中野八王子中〕

（　　　　　　　　　）

(3) 右の図の色のついた部分の面積を求めなさい。

〔立正大付属立正中〕

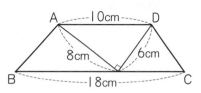

（　　　　　　　　　）

(4) 右の図の台形 ABCD の面積を求めなさい。

〔麗澤中一改〕

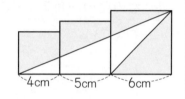

（　　　　　　　　　）

(5) 右の図のように，1辺が4cm，5cm，6cmの正方形をならべたとき，色のついた部分の面積を求めなさい。

（　　　　　　　　　）

2 次の問いに答えなさい。（5点×4）

(1) 右の図のように，直角三角形 ABC と直角三角形 ADE は直角の部分がぴったり重なっています。色のついた部分の面積を求めなさい。

〔大妻嵐山中〕

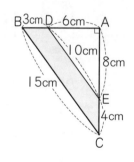

（　　　　　　　　　）

(2) 右の図の四角形 ABCD は平行四辺形で，AB＝12cm，BC＝10cm，DE＝8cm です。DF の長さを求めなさい。

〔多摩大附属聖ヶ丘中〕

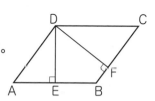

（　　　　　　　　　）

(3) 右の図のように，面積が12cm²の合同な2つの直角三角形を重ねました。三角形 FBC の面積を求めなさい。

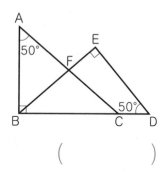

（　　　　　　　　　）

(4) 右の図の四角形 ABCD は1辺が10cmの正方形です。四角形 EBCD の面積を求めなさい。

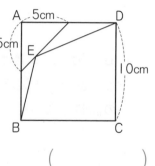

（　　　　　　　　　）

時間	得点
30分	
合格 **35**点	/**50**点

上級レベル 74 複合図形の面積 (2)

1 次の問いに答えなさい。(6点×5)

(1) 右の図の長方形 ABCD の中にある色のつい
た部分の三角形の底辺は，すべて EF 上にあ
り，EF は辺 AD，BC に平行です。色のつ
いた部分の三角形の面積の合計を求めなさい。

〔田園調布学園中〕

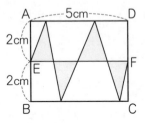

(　　　　　　　)

(2) 右の図は，直角三角形 ABC を面積が等し
い 5 つの三角形に分けたものです。
① BC の長さは，BE の長さの何倍ですか。

(　　　　　　　)

② GC の長さを求めなさい。

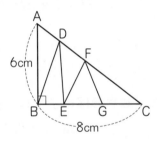

(　　　　　　　)

(3) 右の図の直角三角形で，点ア，イは，
AD を 3 等分した点です。色のついた
部分の面積を求めなさい。　〔十文字中〕

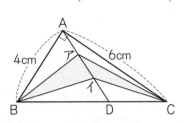

(　　　　　　　)

(4) 右の図で，三角形 ABC と三角形 DEF はと
もに直角二等辺三角形です。色のついた部分
の面積を求めなさい。

〔桐朋中〕

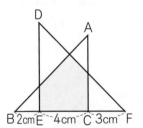

(　　　　　　　)

2 次の問いに答えなさい。(5点×4)

(1) 右の図は，長方形 ABCD を，対角線 BD
を折り目として折り返したものです。この
とき，三角形 DEF の面積を求めなさい。

〔自修館中〕

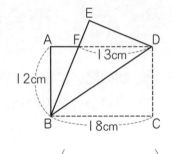

(　　　　　　　)

(2) 右の図について，三角形 AED と三角形
CEF の面積の差を求めなさい。

〔サレジオ学院中〕

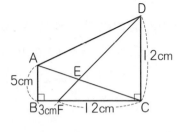

(　　　　　　　)

(3) 右の図の長方形 ABCD において，色
のついた三角形 OAD と四角形
OEBF の面積が等しいとき，辺 AD
の長さを求めなさい。

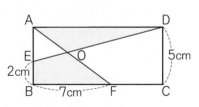

(　　　　　　　)

(4) 右の図の四角形 ABCD の面積を求
めなさい。

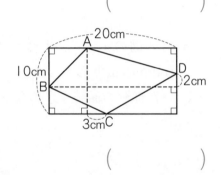

(　　　　　　　)

75 最上級レベル ⑨

時間 **30分**
合格 **35点** / 50点

1 次の問いに答えなさい。（5点×4）

(1) 右の図の長方形において，角アの大きさを求めなさい。

〔江戸川学園取手中〕

74°
45°
ア

（　　　　　）

(2) 右の図でFGとFCの長さが等しいとき，角アと角イの大きさを求めなさい。

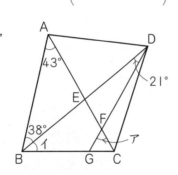

A
D
43°
21°
E
F
38°
イ
ア
B G C

ア（　　　　　）　イ（　　　　　）

(3) 右の図で三角形ABCはAB=ACの二等辺三角形です。イの角とウの角の大きさが等しいとき，アの角は何度ですか。

〔大宮開成中〕

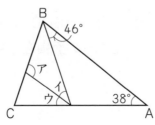

B
46°
ア
イ
ウ
C 38° A

（　　　　　）

2 右の図は，長方形ABCDと直角三角形DCEからできています。直線AEとDCの交点をF，三角形DEFの面積を**10cm²**とするとき，次の問いに答えなさい。（6点×2）

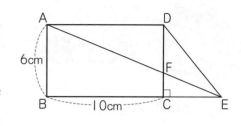

A
D
6cm
F
B
10cm
C
E

(1) DFの長さを求めなさい。

（　　　　　）

(2) 台形ABEDの面積を求めなさい。

（　　　　　）

3 右の図のような1目もり1cmの方眼紙から，三角形ABCと三角形DEFを切りぬきました。**残った方眼紙の面積を求めなさい。**（6点）

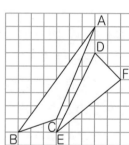

A
D
F
B E C

（　　　　　）

4 AB=12cm，AD=18cmの長方形の紙を点Aが点Cに重なるように折りました。**このとき，次の問いに答えなさい。**（6点×2）

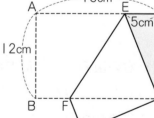

A 18cm D
E
5cm
12cm
B F C

(1) FCの長さを求めなさい。

（　　　　　）

(2) 三角形EFCの面積を求めなさい。

（　　　　　）

76 最上級レベル ⑩

時間	得点
30分	
合格 **35**点	**50**点

1 次の問いに答えなさい。

(1) 図の三角形 ABC は直角二等辺三角形，点 D は辺 AC のまん中の点です。角アの大きさを求めなさい。(5点)

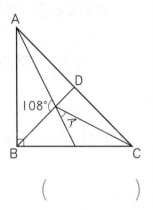

（　　　　　　　）

(2) 右 の 図 で，三 角 形 ABC と DBE は合同です。また，AB と BE が一直線になっています。このとき，角アと角イの大きさを求めなさい。(5点×2)

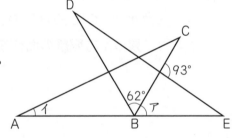

ア（　　　　　） イ（　　　　　）

(3) 右の図のように正方形の紙を折り曲げました。このとき，角アと角イの大きさを求めなさい。(6点×2)

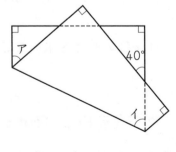

ア（　　　　　） イ（　　　　　）

2 図のように 2 つの長方形が重なっているとき，長方形 ABCD の面積を求めなさい。(5点) 〔日本大豊山女子中一改〕

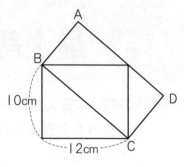

（　　　　　　　）

3 図のように 1 辺の長さが 12 cm，6 cm の正方形があります。色のついた部分の面積は何 cm² ですか。(6点) 〔大妻中〕

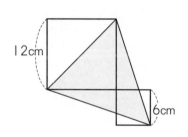

（　　　　　　　）

4 右の図形は，たて 12 cm，横 40 cm の合同な長方形を 2 つ重ね合わせたものです。周囲の長さが 168 cm のとき，この図形全体の面積を求めなさい。(6点)

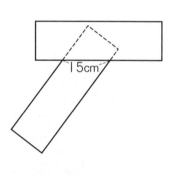

（　　　　　　　）

5 四角形 ABCD は長方形です。色のついた部分の面積を求めなさい。(6点) 〔慶應義塾中〕

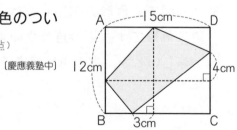

（　　　　　　　）

標準レベル 77 正多角形と円周の長さ（1）

時間 20分	得点
合格 40点	50点

1 次の問いに答えなさい。（4点×4）

(1) 円を使って，正九角形をかくには，円の中心のまわりの角を何度ずつに区切ればよいですか。

（　　　　　　）

(2) 円の中心のまわりの角を，45°ずつに区切ってかくとできる正多角形は正何角形ですか。

（　　　　　　）

(3) 正七角形の7つの角の大きさの和を求めなさい。

（　　　　　　）

(4) 正五角形の1つの角の大きさは何度ですか。

（　　　　　　）

2 右の図は，半径が6cmの円を使って，正六角形をかいたものです。これについて，次の問いに答えなさい。（4点×3）

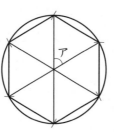

(1) アの角の大きさは何度ですか。

（　　　　　　）

(2) 正六角形の6つの角の大きさの和は何度ですか。

（　　　　　　）

(3) この正六角形のまわりの長さは何cmですか。

（　　　　　　）

3 次の円の円周の長さを求めなさい。ただし，円周率は3.14とします。（3点×4）

(1) 直径が6cmの円　　　(2) 直径が4.5cmの円

（　　　　　　）　　（　　　　　　）

(3) 半径が9cmの円　　　(4) 半径が3.25cmの円

（　　　　　　）　　（　　　　　　）

4 次の問いに答えなさい。ただし，円周率は3.14とします。（5点×2）

(1) 直径18cmの円の円周の長さは，直径7.5cmの円の円周の長さの何倍ですか。

（　　　　　　）

(2) 半径8cmの円があります。半径の長さを3倍にした円の円周の長さは，もとの円周の長さの何倍になりますか。

（　　　　　　）

学習日〔　　月　　日〕

時間	30分	得点	
合格	35点		50点

1 次の問いに答えなさい。ただし，円周率は3.14とします。（5点×5）

(1) 角の大きさの和が1080°になる正多角形は正何角形ですか。

（　　　　　　　）

(2) 円周の長さが25.12cmの円の半径を求めなさい。

（　　　　　　　）

(3) 右の図のように，円Oの円周を5等分して正五角形ABCDEをかきました。これについて，次の問いに答えなさい。

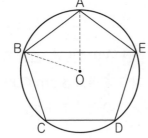

① 角BOAの大きさを求めなさい。

（　　　　　）

② 角ABEの大きさを求めなさい。

（　　　　　）

(4) 右の図の色のついた部分のまわりの長さを求めなさい。

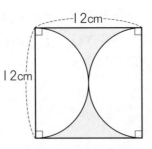

（　　　　　）

2 次の問いに答えなさい。ただし，円周率は3.14とします。（5点×5）

(1) 図の六角形ABCDEFは正六角形です。⑦の角の大きさと①の角の大きさを求めなさい。

〔日本大豊山女子中〕

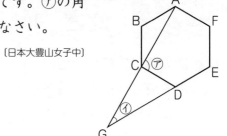

⑦（　　　　　）　①（　　　　　）

(2) 右の図の色のついた部分のまわりの長さを求めなさい。　〔捜真女学校中一改〕

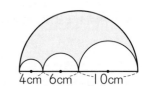

4cm　6cm　10cm

（　　　　　）

(3) 右の図は，ABを直径とする円の中に，直径2cmと直径4cmの円をかいたものです。これについて，次の問いに答えなさい。

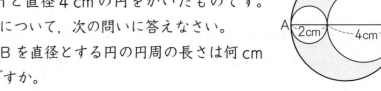

A　2cm　4cm　B

① ABを直径とする円の円周の長さは何cmですか。

（　　　　　）

② 色のついた部分のまわりの長さは何cmですか。

（　　　　　）

1 次の問いに答えなさい。（6点×5）

(1) 右の図のような三角形 OAB を点 O のまわりにすきまなくならべてできる正多角形は何ですか。

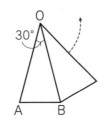

（　　　　　　　　　）

(2) 右の図は，正五角形 ABCDE の中に，正方形 CDFG をかいたものです。このとき，角 AEF の大きさを求めなさい。

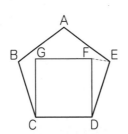

（　　　　　　　　　）

(3) 右の図の正八角形で，アの角の大きさを求めなさい。

〔北鎌倉女子学院中〕

（　　　　　　　　　）

(4) 右の図の正五角形で内部に正三角形⑦があります。このとき，角アと角イの大きさを求めなさい。

〔山脇学園中〕

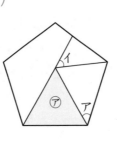

ア（　　　　　　）　イ（　　　　　　）

2 次の問いに答えなさい。ただし，円周率は 3.14 とします。（5点×4）

(1) 右の図で，A の線の長さは，B の太線の長さの何倍になっているか求めなさい。

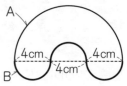

4cm　4cm　4cm

（　　　　　　　　　）

(2) 右の図で，点 O は円の中心です。角アの大きさを求めなさい。

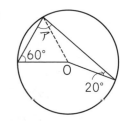

60°　20°

（　　　　　　　　　）

(3) 1辺が 8cm の正方形の内部に 4 つの円が図のように接しています。色のついた部分のまわりの長さを求めなさい。

〔公文国際学園中〕

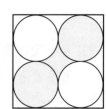

（　　　　　　　　　）

(4) 右の図で，色のついた部分のまわりの長さを求めなさい。

〔東京家政学院中〕

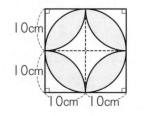

10cm　10cm　10cm　10cm

（　　　　　　　　　）

上級レベル 80 正多角形と円周の長さ (2)

1 次の問いに答えなさい。(6点×5)

(1) 右の図の点 O は円の中心で，五角形 ABCDE は正五角形です。角アの大きさを求めなさい。

〔和洋国府台女子中〕

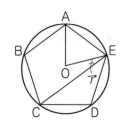

（　　　　　）

(2) 右の図のように正五角形と正六角形が重なっています。このとき，⑦の角の大きさを求めなさい。

〔山手学院中〕

（　　　　　）

(3) 右の図のように，正五角形の中に正三角形 ABC があるとき，角アの大きさと角イの大きさを求めなさい。

〔千葉日本大第一中〕

ア（　　　　）イ（　　　　）

(4) 右の図は，直角三角形 ABC と，AB，BC，CA をそれぞれ直径とする半円をかいたものです。色のついた部分のまわりの長さの和を求めなさい。ただし，円周率は3.14とします。

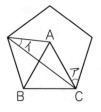

（　　　　　）

2 次の問いに答えなさい。ただし，円周率は3.14とします。(5点×4)

(1) 右の図のように，点 O を中心とする円の円周を8等分する点から3個の点を選んで，三角形 ABC をつくりました。このとき，角 ABC の大きさを求めなさい。

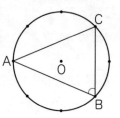

（　　　　　）

(2) 右の図は，3つの円を組み合わせた図形で，いちばん大きい円の直径は10cmです。このとき，色のついた部分のまわりの長さの和を求めなさい。

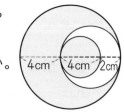

4cm　4cm　2cm

（　　　　　）

(3) 右の図は，1辺が12cmの正三角形と3つの円の一部を組み合わせたものです。このとき，色のついた部分のまわりの長さの和を求めなさい。

〔横浜中一改〕

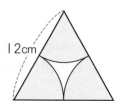

12cm

（　　　　　）

(4) 右の図は，半径4cmの円を4つぴったりとくっつけてならべたものです。この図形のまわりをちょうど一周する糸の長さを求めなさい。

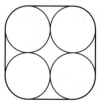

（　　　　　）

学習日 [　　月　　日]

時間	得点
20分	
合格 **40点**	50点

標準 レベル 81 体　積 (1)

1 次の立体の体積を求めなさい。(4点×3)

(1)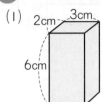

(2)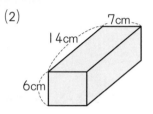

(3)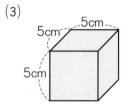

(　　　　　)　(　　　　　)　(　　　　　)

2 次の□にあてはまる数を書きなさい。(3点×2)

(1) 3 m³ = [　　　　] cm³

(2) 40000 cm³ = [　　　　] m³

3 次の問いに答えなさい。(4点×2)

(1) 右の展開図を組み立ててできる立体の体積を求めなさい。

(　　　　　)

(2) たて 6 cm, 横 3 cm, 高さ 1 cm の直方体を何個か積み上げて, 体積が 108 cm³ の立体をつくりました。積み上げた直方体は何個か求めなさい。

(　　　　　)

4 次の立体の体積を求めなさい。(4点×4)

(1)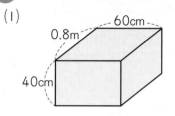

(2)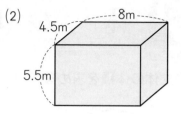

(　　　　　)　(　　　　　)

(3)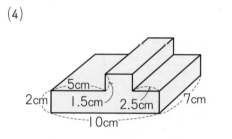

(4)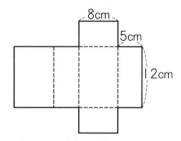

(　　　　　)　(　　　　　)

5 次の図1は立方体, 図2は直方体で, どちらも体積は 216 cm³ です。図1のア, 図2のイの長さを求めなさい。(4点×2)

(図1) 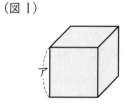　(図2)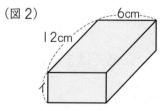

ア (　　　　　)　イ (　　　　　)

上級レベル **82** **体　積（1）**

時間	30分	得点	
合格	35点		50点

1 次の立体の体積を求めなさい。（5点×4）

(1)
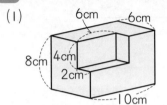

（　　　　　）

(2)
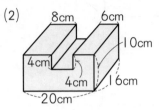

（　　　　　）

(3)
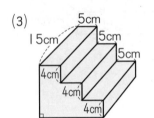

（　　　　　）

(4)
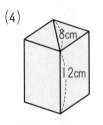

（底面は正方形）

（　　　　　）

2 次の□にあてはまる数を書きなさい。（5点×2）

(1) 0.045 m³ ＝ □ cm³

(2) 6500000 cm³ ＝ □ m³

3 次の問いに答えなさい。（5点×4）

(1) 右の図は直方体の展開図です。展開図を組み立ててできる立体の体積を求めなさい。

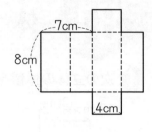

（　　　　　）

(2) 右の図の立体の体積を求めなさい。〔東京家政学院中〕

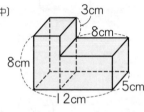

（　　　　　）

(3) 1辺が1cmの立方体を，右の図のように4だんとなるように積み重ねました。この立体全体の体積を求めなさい。　〔女子聖学院中一改〕

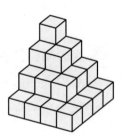

（　　　　　）

(4) 右の図の立体の体積を求めなさい。　〔お茶の水女子大附中〕

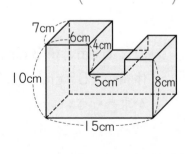

（　　　　　）

標準レベル 83 体積 (2)

学習日 [月 日]

時間 20分
合格 40点 / 50点
得点 /50点

1 次の立体の容積を求めなさい。（5点×2）

(1)
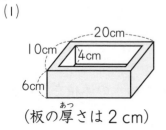
20cm
10cm
4cm
6cm
（板の厚さは 2 cm）

(2)

10cm
12cm
7cm
8cm
（板の厚さは 1 cm）

( )　　　　　( )

2 次の□にあてはまる数を書きなさい。（5点×2）

(1) 2000 cm³ = □ L　　(2) 3.5 L = □ cm³

3 厚さ 1 cm の板で，右の図のような直方体の形をした容器をつくりました。これについて，次の問いに答えなさい。（5点×2）

(1) この容器の容積は何 L ですか。

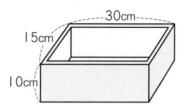
30cm
15cm
10cm

( )

(2) この容器の体積は何 cm³ ですか。

( )

4 次の問いに答えなさい。（4点×3）

(1) 内のりがたて 20 cm，横 18 cm，高さ 20 cm の直方体の容器に 15 cm の深さまで水を入れました。容器に入った水の体積は何 L ですか。

( )

(2) 内のりの 1 辺が 30 cm の立方体の容器に 1.8 L の水を入れると，水の深さは何 cm になりますか。

( )

(3) 右の図は厚さ 2 cm の長方形の木の板で作った底のある容器です。使った木の板の体積を求めなさい。

〔日本大豊山女子中〕

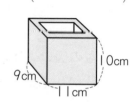
10cm
9cm
11cm

( )

5 右の図のような直方体の容器があります。この中に 1 分間に 5 dL ずつ水を入れていきます。これについて，次の問いに答えなさい。ただし，容器の厚みは考えないものとします。（4点×2）

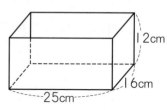
12cm
16cm
25cm

(1) 水を入れ始めてから 6 分後に，容器に入っている水の深さは何 cm ですか。

( )

(2) この容器が水でいっぱいになるのは，水を入れ始めてから何分後ですか。

( )

上級 レベル 84　体　積 (2)

1 次の問いに答えなさい。(5点×4)

(1) 右の図のような容器の中に石を入れ, 水を容器いっぱいまで入れたところ, 石は完全にしずみました。その後, 石を取り出すと, 水の深さが13.6cmになりました。このときの石の体積を求めなさい。

〔大妻多摩中〕

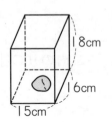

（　　　　　）

(2) 右の図のように, 直方体の水そうに, 底面に垂直な仕切りを立てます。区切られた部分にそれぞれ同じ量の水を入れると, 水の深さは3cmと6cmになりました。次の問いに答えなさい。　〔鎌倉女学院中一改〕

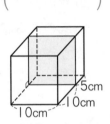

① 水そうに入れた水の体積の合計を求めなさい。

（　　　　　）

② 仕切りを取ると水の深さは何cmになりますか。

（　　　　　）

(3) 右の図のような直方体の容器があります。図のようにして容器を置き, 10cmの高さまで水を入れ, ふたをしました。次に長方形AEFBを底面として置くと, 水の高さは8cmになりました。このとき, AEの長さを求めなさい。

〔芝浦工業大柏中〕

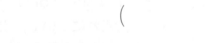
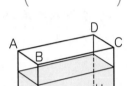
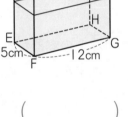

（　　　　　）

2 右の図の長方形の鉄板の4すみから, 1辺が10cmの4つの正方形を切り取って, 直方体の容器をつくりました。これについて, 次の問いに答えなさい。ただし, 鉄板の厚みは考えないものとします。(6点×3)

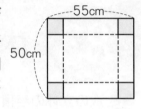

(1) この容器の容積は何Lか求めなさい。

（　　　　　）

(2) この容器に6cmの深さまで水を入れたときの水の体積を求めなさい。

（　　　　　）

(3) (2)の水を, 1辺が20cmの立方体の容器にすべて移したときの水の深さを求めなさい。

（　　　　　）

3 図1のような直方体の水そうに1分間に720cm³ずつ水を入れます。これについて, 次の問いに答えなさい。ただし, 水そうの厚みは考えないものとします。(6点×2)

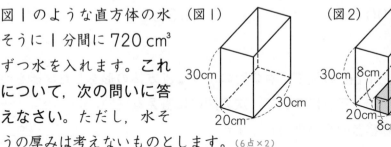

(1) 水を入れ始めてから5分後の水の深さを求めなさい。

（　　　　　）

(2) 水を入れ始めてから10分後に水を止めて, 図2のように, たて12cm, 横8cm, 高さ8cmの直方体の鉄のおもりを水そうにしずめました。このときの水の深さを求めなさい。

（　　　　　）

標 積 (3)★

標準レベル 85

時間 30分
合格 35点
得点 50点

★印は，発展的な問題が入っていることを示しています。

1 右の図のような直方体を組み合わせた容器に1分間に4Lずつ水を入れました。これについて，次の問いに答えなさい。

(6点×2)

(1) 容器の容積を求めなさい。

(　　　　　)

(2) 容器がいっぱいになるのは，水を入れ始めてから何分何秒後ですか。

(　　　　　)

2 たて20cm，横25cm，高さ70cmの直方体の水そうがあります。これに，はじめA管だけで水を入れ，その後B管も開いて2つの管で水を入れました。右のグラフは，水を入れ始めてからの時間と，たまった水の深さの関係を表しています。これについて，次の問いに答えなさい。(6点×3)

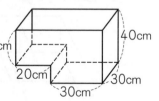

(1) A管からは，1分間に何Lの水が入りますか。

(　　　　　)

(2) B管からは，1分間に何Lの水が入りますか。

(　　　　　)

(3) 水を入れ始めてから20分後の水の深さを求めなさい。

(　　　　　)

3 右の図のような，板でA，Bの2つの部分に分けられている直方体の水そうがあります。この水そうに1分間に決まった量の水が出るじゃぐちから水を入れます。水を入れ始めてからの時間とAの部分の水の深さの関係は，グラフのようになりました。これについて，次の問いに答えなさい。(4点×5)

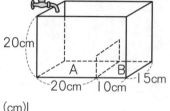

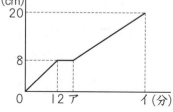

(1) A，Bの2つの部分に分けている板の高さを求めなさい。

(　　　　　)

(2) 1分間に入る水の量を求めなさい。

(　　　　　)

(3) グラフのア，イにあてはまる数を求めなさい。

ア(　　　　　) イ(　　　　　)

(4) 水を入れ始めてから36分後の水の深さを求めなさい。

(　　　　　)

1 右の図のような容器に毎分同じ量の水を入れ，時間と水の深さの関係をグラフにしました。次の問いに答えなさい。(6点×2)

30cm 30cm 30cm
深さ(cm)
18
10
0 2 8(分) 時間
A B

(1) 1分間に入る水の量を求めなさい。

(　　　　　)

(2) 図の AB の長さを求めなさい。

(　　　　　)

2 図のように 1 分間に一定の水を入れる管 A と，水を出す管 B を取り付けた水そうがあります。はじめ管 A だけを開き，40 分後からは管 B も開き，60 分後からは管 A だけを閉じました。グラフは時間と水量の変化を示したものです。このとき，次の問いに答えなさい。(7点×2)

〔日本大第三中〕

(1) 管 A から入る水量は 1 分間に何 L ですか。

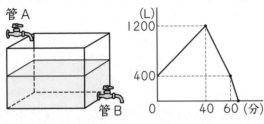

管A
(L)
1200
400
0 40 60 (分)
管B

(　　　　　)

(2) 水そう内の水がなくなるのは，水を入れ始めてから何分何秒後ですか。

(　　　　　)

3 図 1 のような，仕切りのある直方体の水そうに水を注ぎました。図 2 は水面の高さと時間との関係を表したグラフです。次の問いに答えなさい。(6点×4)

〔多摩大目黒中〕

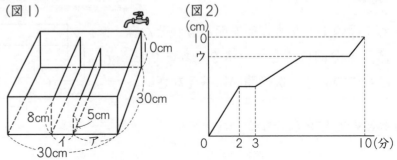

(図1)
10cm
30cm
8cm 5cm
イ ア
30cm

(図2)
(cm)
10
ウ
0 2 3 10(分)

(1) 図 2 のグラフのウにあてはまる数を求めなさい。

(　　　　　)

(2) 1 分間に入る水の量を求めなさい。

(　　　　　)

(3) 図 1 におけるアの長さは何 cm ですか。

(　　　　　)

(4) 図 1 におけるイの長さは何 cm ですか。

(　　　　　)

学習日〔　　月　　日〕

時間	20分	得点
合格	40点	50点

標準レベル 87 角柱と円柱

1 次の立体について，表にあてはまる名前や数を書きなさい。(1点×16)

ア　イ　ウ　エ

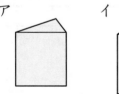

	ア	イ	ウ	エ
立体の名前				
頂点の数				
辺の数				
面の数				

2 右の図は，ある立体の見取図です。この立体の頂点の数はいくつですか。(2点)

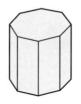

（　　　　　　）

3 右の図は，ある立体の見取図です。これについて，次の問いに答えなさい。(2点×2)

(1) この立体の名前を答えなさい。

（　　　　　　）

(2) この立体の2つの底面はどんな関係になっていますか。

（　　　　　　）

4 右の図はある立体の展開図です。これについて，次の問いに答えなさい。(4点×4)

(1) この立体の名前を答えなさい。

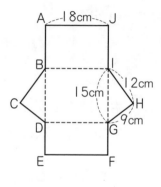

（　　　　　　）

(2) 組み立てたとき，辺 DE と重なる辺はどれですか。

（　　　　　　）

(3) 辺 AB の長さは何 cm ですか。

（　　　　　　）

(4) この立体の側面全体の面積は何 cm² ですか。

（　　　　　　）

5 右の図は円柱の展開図です。これについて，次の問いに答えなさい。(4点×3)

(1) この円柱の高さは何 cm ですか。

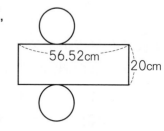

（　　　　　　）

(2) この円柱の側面の面積は何 cm² ですか。

（　　　　　　）

(3) この円柱の底面の半径は何 cm ですか。ただし，円周率は 3.14 とします。

（　　　　　　）

学習日〔　　月　　日〕	
時間 **20**分	得点
合格 **35**点	**50**点

上級レベル 88　角柱と円柱

1 右の図のような角柱があります。これについて，次の問いに答えなさい。(5点×3)

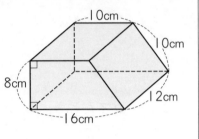

(1) この角柱の名前を答えなさい。

（　　　　　）

(2) この角柱の1つの底面の面積を求めなさい。

（　　　　　）

(3) この角柱の側面全体の面積を求めなさい。

（　　　　　）

2 右の図のような円柱があります。これについて，次の問いに答えなさい。ただし，円周率は3.14とします。(5点×2)

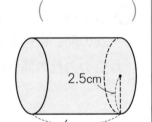

(1) 展開図にしたときの側面のまわりの長さを求めなさい。

（　　　　　）

(2) 側面の面積を求めなさい。

（　　　　　）

3 右の図のようなある立体の展開図があります。これについて，次の問いに答えなさい。(5点×3)

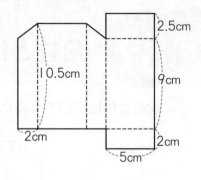

(1) この立体の名前を答えなさい。

（　　　　　）

(2) この立体の底面の面積を求めなさい。

（　　　　　）

(3) この立体の側面全体の面積を求めなさい。

（　　　　　）

4 右の図のような円柱の展開図があります。これについて，次の問いに答えなさい。ただし，円周率は3.14とします。(5点×2)

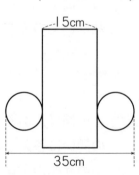

(1) 底面の半径を求めなさい。

（　　　　　）

(2) 側面の面積を求めなさい。

（　　　　　）

89 最上級レベル 11

1 次の問いに答えなさい。(6点×2)

(1) 図のような正八角形において，角アの大きさは何度ですか。　〔城北中〕

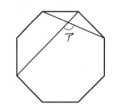

(　　　　　　)

(2) 右の図のように，円周上に9等分した点Aから点Iがあります。9個の点を1つおきに直線で結びました。角Aから角Iまでの9個の角の和は何度ですか。　〔日本大豊山中〕

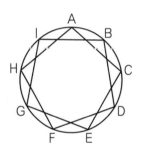

(　　　　　　)

2 次の問いに答えなさい。

(1) 右の図は，半径6cmのおうぎ形OABを，BがOに重なるように折り曲げたとき，その折り目をCDとしたものです。色のついた部分の周の長さは何cmですか。ただし，円周率は3.14とします。(7点)　〔実践女子学園中〕

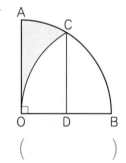

(　　　　　　)

(2) 右の図のように半径6cmの円がぴったりとくっついています。まわりの太線の長さを求めなさい。ただし，円周率は3.14とします。(8点)

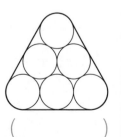

(　　　　　　)

3 1辺が1cmの小さな立方体が64個集まってできた立方体があります。この立方体の3つの面の一部を図のように青くぬりました。色のついた面をもつ小さな立方体を取りのぞいてできる立体の体積を求めなさい。(8点)　〔頌栄女子学院中一改〕

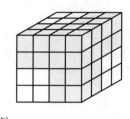

(　　　　　　)

4 右の図は，1辺の長さが2cmの立方体をいくつか組み合わせた立体を，上から見た図と正面から見た図です。この立体の体積は何cm³ですか。(8点)

〔昭和女子大付属昭和中一改〕

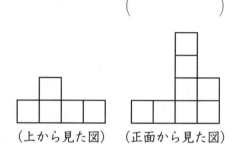

（上から見た図）　（正面から見た図）

(　　　　　　)

5 右の図のような高さ10cmまで水が入っている直方体の容器とおもりAがあります。容器におもりAをしずめたとき，水面の高さは何cm上がるか求めなさい。(7点)

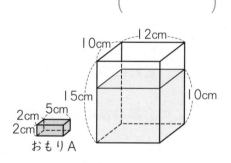

(　　　　　　)

時間 30分	得点
合格 35点	50点

学習日〔　　月　　日〕

90 最上級レベル 12

1 次の問いに答えなさい。（6点×3）

(1) 右の図は、合同な二等辺三角形を次々とならべていって、正多角形をつくったときの一部を表しています。角アの大きさが24度のときにできる正多角形の辺の数を求めなさい。

（　　　　　　　　）

(2) 右の図のように、1辺が12cmの正方形があります。その外側を半径2cmの円が一周したときの中心○の移動きょりを求めなさい。また、円が内側を一周したときの移動きょりを求めなさい。ただし、円周率は3.14とします。

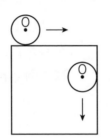

外側（　　　　　　） 内側（　　　　　　）

2 右の図は、直方体を組み合わせた形の容器です。この容器に3.5Lの水を入れました。これについて、次の問いに答えなさい。
（6点×2）

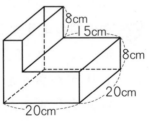

(1) この容器の容積を求めなさい。

（　　　　　　　　）

(2) 水の深さは何cmになるか求めなさい。

（　　　　　　　　）

3 図1のような、直方体を組み合わせたこしかけのついた浴そうがあります。この浴そうに水道Aから一定の割合で水を入れ、水面の高さが40cmになったところではいすいこうBも同時に開けました。図2は、水を入れ始めてからの時間(分)と水面の高さ(cm)との関係を示したグラフです。このとき、次の問いに答えなさい。

（5点×4）〔女子美術大付中〕

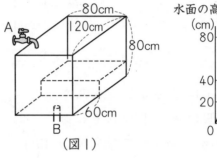

（図1）

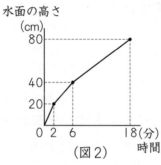

（図2）

(1) この浴そうのこしかけの高さは何cmですか。

（　　　　　　　　）

(2) この浴そうがいっぱいになったとき、何Lの水が入っていますか。

（　　　　　　　　）

(3) 水道Aからは1分間に何Lの水を入れましたか。

（　　　　　　　　）

(4) はいすいこうBからは、1分間に何Lの水が流れ出ますか。

（　　　　　　　　）

標準
レベル
91

文章題特訓 (1)
(分配算)

時間 **30分**
合格 **35点**
得点 50点

1 次の問いに答えなさい。(5点×4)

(1) 3.6mのリボンを4つに切って, それぞれの長さが10cmずつちがうようにします。いちばん長いリボンは何cmですか。

(　　　　　　　)

(2) 2000円のお金を, A, B, Cの3人で分けるのに, AはBより300円多く, BはCより100円多くすると, Aがもらうお金は何円ですか。

(　　　　　　　)

(3) A, B, Cの3人が持っているお金は合わせて3600円です。Aが持っているお金は, Cが持っているお金の3倍で, Bが持っているお金は, Cが持っているお金の2倍です。Aが持っているお金は何円ですか。

(　　　　　　　)

(4) 600円のお金をA, Bの2人で分けようと思います。AはBの4倍より50円多くなるようにすると, Aがもらう金額は何円ですか。

(　　　　　　　)

2 次の問いに答えなさい。(6点×5)

(1) 大小2つの整数があります。その和は21で, 大きい数は小さい数の2倍より3小さくなっています。小さいほうの整数はいくつですか。

〔聖園女学院中〕

(　　　　　　　)

(2) 95個のあめをA, B, Cの3つのふくろに分けるのに, AはBより6個少なく, BはCより10個多く入れました。Aのふくろに入っているあめは何個ですか。

〔帝京大中〕

(　　　　　　　)

(3) 姉は妹より36個多くおはじきを持っています。また, 姉が持っているおはじきは, 妹の3倍よりも4個少なくなっています。このとき, 姉が持っているおはじきは何個ですか。

(　　　　　　　)

(4) 1200円のお金を, A, B, Cの3人で分けたところ, AはBより190円多く, CはBより70円少なくなりました。Cがもらった金額は何円ですか。

(　　　　　　　)

(5) A, Bの持っているお金の差は1000円で, AはBの3倍より200円多く持っています。Aが持っている金額は何円ですか。

(　　　　　　　)

上級レベル 92　文章題特訓（1）（分配算）

1 次の問いに答えなさい。(5点×4)

(1) 1960円のお金を，A，B，Cの3人で分けました。もらった金額を比べると，AはBの4倍，AはCの2倍になりました。Aがもらった金額を求めなさい。

（　　　　　　）

(2) A，B，Cの3人が持っている金額の和は7000円です。3人が持っている金額を比べると，BはCの2倍，AはBの1.5倍より200円少なくなっています。Aが持っている金額を求めなさい。

（　　　　　　）

(3) 1230円のお金を，A，B，Cの3人で分けたところ，AはBの2倍より70円多く，CはBの5倍より40円少なくなりました。Aがもらった金額を求めなさい。

（　　　　　　）

(4) 三角形ABCで，角Aの大きさは角Bの大きさより20°大きく，角Cの大きさは角Bの2倍です。角Aの大きさを求めなさい。

（　　　　　　）

2 次の問いに答えなさい。(6点×3)

(1) A，B，Cの3つの整数があって，その和は115です。BはCの2倍で，AはBの1.5倍よりも5だけ小さい数です。整数Aを求めなさい。

（　　　　　　）

(2) 50個のりんごをA，B，C，Dの4人で分けたところ，BはAより4個少なく，CはBの2倍，DはCよりも10個多くなりました。Cがもらった個数を求めなさい。

（　　　　　　）

(3) 154個のみかんをA，B，Cの3人で分けたところ，Bの個数はAの1.5倍より7個多く，Cの個数はBの2倍より10個少なくなりました。Bがもらった個数を求めなさい。 〔大妻中〕

（　　　　　　）

3 A，B，Cの3人のおこづかいの合計は6000円です。BはCの3倍より700円少なく，AはBの2倍より100円多くもらっています。**次の問いに答えなさい。** (6点×2)　〔中央大附中〕

(1) Aのおこづかいは，Cのおこづかいの6倍よりいくら少なくなっていますか。

（　　　　　　）

(2) Aのおこづかいを求めなさい。

（　　　　　　）

時間	30分	得点	
合格	35点		50点

標準レベル 93

文章題特訓 (2)
(消去算)

1 次の問いに答えなさい。(6点×5)

(1) 消しゴム1個とえん筆3本を買うと，代金は390円になります。消しゴム1個とえん筆6本を買うと，代金は630円になります。えん筆1本のねだんはいくらですか。

（　　　　　）

(2) ノート1さつとえん筆8本の代金と，ノート2さつとえん筆6本の代金は，どちらも300円です。えん筆1本のねだんはいくらですか。

（　　　　　）

(3) スケート場に入場するのに，大人2人と子ども1人では3200円になり，大人3人と子ども5人では7250円になります。子ども1人の入場料はいくらですか。

（　　　　　）

(4) タオル2まいとせっけん3個の代金は700円で，タオル3まいとせっけん4個の代金は1010円です。せっけん1個のねだんはいくらですか。

（　　　　　）

(5) サインペン10本と画用紙7まいを買うと1710円で，サインペン7本と画用紙4まいを買うと1125円です。サインペン1本と画用紙1まいは，それぞれいくらですか。

（サインペン　　　　，画用紙　　　　）

2 次の問いに答えなさい。(5点×4)

(1) りんご4個とみかん7個のねだんは1170円で，りんご6個とみかん8個のねだんは1580円です。りんご1個のねだんを求めなさい。

〔跡見学園中〕

（　　　　　）

(2) えん筆4本とノート3さつの合計金額は470円です。えん筆2本とノート9さつの合計金額は910円です。えん筆1本のねだんを求めなさい。

〔成城学園中〕

（　　　　　）

(3) ノート2さつとペン3本の代金が合わせて1020円で，ノート3さつとペン5本の代金が合わせて1660円のとき，ノート1さつのねだんを求めなさい。

〔頌栄女子学院中〕

（　　　　　）

(4) アイス7個とジュース3本を買うと1230円，アイス3個とジュース5本を買うと1010円でした。このとき，アイス25個とジュース20本を買ったときの代金を求めなさい。

〔淑徳与野中〕

（　　　　　）

上級
レベル
94

文章題特訓 (2)
(消去算)

時間 **30**分
合格 **35**点
得点 ___ 50点

1 次の問いに答えなさい。(5点×4)

(1) りんご 7 個となし 5 個をつめ合わせにすると，かご代 80 円をふくめて，1000 円です。りんご 9 個となし 7 個にすると，かご代 100 円をふくめて，1320 円になります。なし 1 個のねだんを求めなさい。

(　　　　　　)

(2) ももを 8 個，なしを 4 個買って，130 円の箱につめてもらったら，代金は 2730 円でした。ももを 4 個，なしを 3 個買って，無料のふくろに入れてもらったら，代金は 1410 円でした。もも 1 個のねだんを求めなさい。　〔東京純心女子中〕

(　　　　　　)

(3) りんごを 3 個とみかんを 5 個買って，代金を 375 円はらいました。りんご 1 個は，みかん 1 個より 45 円高いそうです。りんご 1 個のねだんを求めなさい。

(　　　　　　)

(4) ノート 10 さつとえん筆 8 本を買って 1290 円はらいました。ノート 2 さつのねだんはえん筆 7 本のねだんと同じです。このノート 1 さつとえん筆 1 本のねだんをそれぞれ求めなさい。

(ノート　　　　　，えん筆　　　　　)

2 次の問いに答えなさい。(6点×5)

(1) ある遊園地の大人 3 人分の入園料は，子ども 5 人分の入園料と同じです。ある日，この遊園地に大人 5 人と子ども 3 人で行ったところ，入園料の合計は 10200 円でした。この遊園地の大人 1 人分の入園料を求めなさい。　〔専修大松戸中〕

(　　　　　　)

(2) ケーキ 4 個とシュークリーム 4 個の代金は 880 円です。ケーキ 7 個の代金は，シュークリーム 7 個を 140 円の箱に入れた代金と同じです。シュークリーム 1 個のねだんを求めなさい。　〔三輪田学園中〕

(　　　　　　)

(3) ある水族館の入館料は，大人 2 人と子ども 5 人のときの総額が 5600 円です。大人 1 人の入館料は子ども 1 人の入館料より 700 円高くなっています。子ども 1 人の入館料を求めなさい。　〔品川女子学院中〕

(　　　　　　)

(4) あるお店ではバニラとチョコとミントのアイスクリームを売っています。バニラとチョコを 3 つずつ買うと 900 円，チョコとミントを 4 つずつ買うと 1320 円，バニラとミントを 5 つずつ買うと 1350 円です。バニラ 1 つのねだんを求めなさい。　〔品川女子学院中〕

(　　　　　　)

(5) バット 1 本とボール 2 個の代金は 5200 円です。バット 1 本の代金はボール 2 個の代金の 3 倍より 400 円安くなっています。バット 1 本の代金を求めなさい。

(　　　　　　)

標準
レベル
95

文章題特訓（3）
（つるかめ算）

1 次の問いに答えなさい。（5点×5）

(1) つるとかめが合わせて 10 ぴきいます。足の数の合計が 26 本のとき，つるは何羽いますか。

（　　　　　　　）

(2) 1本 40 円のえん筆と 1本 90 円のボールペンを合わせて 12 本買い，630 円はらいました。えん筆を何本買いましたか。

（　　　　　　　）

(3) 1個 50 円のクッキーと 1個 20 円のあめを合わせて 15 個買い，480 円はらいました。クッキーを何個買いましたか。

（　　　　　　　）

(4) たまごが 1000 個あります。24 個入りの箱と 20 個入りの箱につめたところ，合わせて 45 箱になり，8 個余りました。24 個入りの箱は何箱ですか。

（　　　　　　　）

(5) 2000 円以内のお金で，1個 90 円のりんごと 1個 120 円のなしを合わせて 20 個買います。120 円のなしをできるだけ多く買うためには，それぞれ何個ずつ買えばよいですか。

（りんご　　　　，なし　　　　）

2 次の問いに答えなさい。（5点×5）

(1) つるとかめが合わせて 25 ひきいます。足の数の合計が 78 本のとき，つるは何羽いますか。
〔大妻中〕

（　　　　　　　）

(2) 40 円と 50 円の色えん筆を合わせて 21 本買ったところ，代金はちょうど 1000 円でした。このとき，50 円の色えん筆は何本買いましたか。
〔関東学院六浦中〕

（　　　　　　　）

(3) 1個 630 円のケーキと 1個 420 円のプリンを合わせて 15 個買ったら，代金が 7560 円になりました。このとき，買ったケーキの個数は何個ですか。
〔かえつ有明中〕

（　　　　　　　）

(4) 1本 60 円のえん筆と 1本 120 円のペンを合わせて 100 本買い，1万円をしはらったところ，おつりは 2500 円でした。このとき，買ったえん筆は何本ですか。
〔学習院中〕

（　　　　　　　）

(5) 1個 200 円のケーキと 1個 500 円のケーキを合わせて 9 個買い，3000 円をしはらったところ，おつりは 300 円でした。200 円のケーキを何個買いましたか。
〔和洋九段女子中〕

（　　　　　　　）

上級レベル 96 文章題特訓（3）（つるかめ算）

時間 **30**分　合格 **35**点　得点 | **50**点

1 1題正解すると10点もらえ，1題まちがえると5点ひく約束で算数の問題を50題解きました。次の問いに答えなさい。（4点×2）

(1) 30題正解したときの得点を求めなさい。

（　　　　　）

(2) 得点が305点のとき，正解した問題は何題か求めなさい。

（　　　　　）

2 A，Bの2人でじゃんけん遊びをしました。2人とも同じ地点から，勝つと3歩前へ進み，負けると2歩うしろに下がります。20回じゃんけんをしたとき，次の問いに答えなさい。ただし，あいこは考えないものとします。（4点×2）

(1) Aが20回のうち6回勝ったとき，Aは出発点よりも何歩後ろにいますか。

（　　　　　）

(2) Aが出発点よりも30歩前にいたとき，Aが勝った回数を求めなさい。

（　　　　　）

3 ある品物を運ぶのに1個運ぶと400円もらえます。しかし，とちゅうで品物をこわすと，料金はもらえず，さらに，500円はらわなければなりません。この品物を200個運んだとき，次の問いに答えなさい。（5点×2）

(1) とちゅうで5個こわすと，もらえるお金はいくらになりますか。

（　　　　　）

(2) 68300円もらったとき，とちゅうでこわした個数を求めなさい。

（　　　　　）

4 次の問いに答えなさい。（6点×4）

(1) 的に当てると8点もらえ，はずれると5点ひかれるゲームをします。はじめの持ち点を100点として，ゲームを20回しました。得点が156点のとき，何回的に当てましたか。　〔開智中〕

（　　　　　）

(2) 1個130円のコップがあり，このコップを1個運ぶと5円もらえる仕事があります。運ぶとちゅうでコップをわってしまうと，料金がもらえずコップの代金をべんしょうしなければなりません。600個のコップを運んで，1920円もらったとき，とちゅうでわってしまった個数を求めなさい。

（　　　　　）

(3) 50円こう貨，10円こう貨の重さはそれぞれ4g，4.5gです。今，貯金箱の中には50円，10円こう貨が合わせて77まいあります。その77まいのこう貨の重さは331gです。貯金箱の中に入っているこう貨の合計金額は何円ですか。　〔吉祥女子中〕

（　　　　　）

(4) 1個50円のガムと1個60円のクッキーを合わせて48個買いました。ガムだけの代金は，クッキーだけの代金よりも640円多くなりました。このとき買った，ガムの個数を求めなさい。

（　　　　　）

標準
レベル
97

文章題特訓 (4)
(過不足算)

1 次の問いに答えなさい。(5点×5)

(1) 子ども会で用意したみかんを配ります。1人に3個ずつ配ると15個余り,1人に5個ずつ配ると15個不足します。みかんは何個ありますか。

( )

(2) 何円か持ってノートを買いに行きました。ノートを5さつ買うと240円余りますが,9さつ買うには80円足りません。最初に持っていたお金は何円ですか。

( )

(3) 長いすにすわるのに,1きゃくに4人ずつすわると15人がすわれなくなり,1きゃくに5人ずつすわると長いすがちょうど6きゃく余ります。長いすは何きゃくありますか。

( )

(4) 何円かの本を買うために,1人5円ずつ集めると155円不足します。1人から8円ずつ集めることにしてもまだ20円不足します。本のねだんはいくらですか。

( )

(5) みかんを何人かに分けるのに,1人に10個ずつ分けると30個余り,12個ずつ分けると18個余ります。全部を分けてしまうには,1人何個ずつ分ければよいですか。

( )

2 次の問いに答えなさい。(5点×5)

(1) キャンディーが何個かあります。これを集まった子どもに3個ずつ配ったところ21個余りました。そこで5個ずつに配り直したところ,まだ1個余りました。集まった子どもは何人ですか。

( )

(2) ある会を開くのに会費を集めることになりました。1人2000円ずつ集めると4000円不足し,2400円ずつ集めると1200円余ります。この会の参加人数は何人ですか。

( )

(3) りんごを1人に3個ずつ配ると5個余り,1人に4個ずつ配ると3個足りなくなります。りんごは何個ありましたか。 〔茗溪学園中〕

( )

(4) えん筆を1人に7本ずつ配ると4本不足し,1人に6本ずつ配ると31本余ります。えん筆は何本ありますか。 〔女子美術大付中〕

( )

(5) 子どもが長いすにすわるのに,1きゃくに5人ずつすわると12人がすわれなくなり,1きゃくに7人ずつすわると長いすがちょうど2きゃく余ります。子どもは何人いますか。 〔湘南白百合学園中〕

( )

上級レベル 98 文章題特訓（4）（過不足算）

時間 30分
合格 35点
得点 ／50点

1 次の問いに答えなさい。（5点×5）

(1) 子どもたちにみかんを配るのに，1人に3個ずつ配るよりも1人に5個ずつ配るほうが，みかんは18個多く必要です。子どもの人数を求めなさい。

（　　　　　）

(2) 先生が児童に3さつずつ本を配りましたが，最後の1人は2さつしかもらえません。もし，2さつずつ本を配れば，8さつの本が余ってしまいます。本のさっ数を求めなさい。

（　　　　　）

(3) 6人で分けるつもりで，何まいかの色紙を買ってきましたが，分ける人数が10人に増えたため，初めの予定どおり分けるためには40まい足りなくなりました。買ってきた色紙のまい数を求めなさい。

（　　　　　）

(4) 講堂に長いすがあります。集まった子どもたちをこの長いすにすわらせるのに，1つの長いすに3人ずつすわらせると56人がすわれません。また，1つの長いすに4人ずつすわらせると6人分の空席ができます。子どもの人数を求めなさい。

（　　　　　）

(5) 林間学校の宿で，1部屋6人ずつにすると5人の児童が入れませんでした。そこで，1部屋7人ずつにすると，6人の部屋が1つと空き部屋が2つできました。児童の人数を求めなさい。

（　　　　　）

2 次の問いに答えなさい。（5点×5）

(1) クッキーを1箱に40まいずつ入れていくと4まい余り，1箱に45まいずつ入れていくと最後の1箱には14まいしか入りませんでした。クッキーは全部で何まいありますか。　〔日本大第三中〕

（　　　　　）

(2) 子どもたちが長いすにすわるのに，1きゃくに5人ずつすわると12人がすわれず，1きゃくに7人ずつすわると4人がすわる長いすが1きゃくでき，さらに長いすが1きゃく余りました。子どもの人数を求めなさい。　〔東京都市大付中〕

（　　　　　）

(3) 1ふくろに21個のキャンディーが入っているふくろが何ふくろかあります。このキャンディーを，何人かの子どもに1人に9個ずつ配ると15個足りず，1人に7個ずつ配るとちょうど1ふくろ分余ります。ふくろは何ふくろありますか。　〔香蘭女学校中〕

（　　　　　）

(4) 子どもにあめを1人に7個ずつ配ると44個余り，1人に13個ずつ配ると最後の1人にだけは13個配ることができませんでした。そこで，1人に12個ずつ配ると全員に配ることができました。子どもは何人いますか。　〔国府台女子学院中〕

（　　　　　）

(5) 何本かのえん筆を配るのに，はじめの12人には12本ずつ，残りの人には11本ずつ配ると2本余ります。また，全員に13本ずつ配ると26本不足します。えん筆の本数を求めなさい。

（　　　　　）

標準レベル **99**

文章題特訓 (5)
(差集め算)

時間	得点
30分	
合格	
35点	/50点

1 次の問いに答えなさい。(6点×5)

(1) 1本80円のボールペンと1本100円のサインペンを同じ本数ずつ買ったところ，ボールペンとサインペンの代金の差が360円になりました。ボールペンとサインペンを何本ずつ買いましたか。

（　　　　　）

(2) 1個90円のりんごを何個か買えるお金で，1個30円のみかんを買うと，12個多く買えます。お金はいくらありますか。

（　　　　　）

(3) 子どもたちにみかんを配るのに，1人に3個ずつ配るよりも1人に5個ずつ配るほうが，みかんは24個多く必要です。子どもは何人いますか。

（　　　　　）

(4) ある問題集の問題を毎日12題ずつ解くと，8題ずつ解くときよりも，ちょうど8日早く終わります。この問題集には問題が何題ありますか。

（　　　　　）

(5) 1本100円のジュースを何本か買うつもりで，お金をちょうど用意して店に行ったところ，安売りで1本80円でした。最初に予定していた本数だけ買ったところ，お金が180円余りました。用意したお金はいくらでしたか。

（　　　　　）

2 次の問いに答えなさい。(5点×4)

(1) 1個60円のあめと1個90円のチョコレートを同じ数ずつ買ったところ，あめとチョコレートの代金の差が420円になりました。このとき，代金の合計は何円でしたか。

（　　　　　）

(2) 円形をした土地のまわりに旗を立てます。12mおきに立てるのと8mおきに立てるのとでは7本のちがいがあります。この土地のまわりの長さは何mですか。

（　　　　　）

(3) みかんとりんごが同じ数ずつあります。毎日，みかんを5個，りんごを3個ずつ食べると，何日かしてみかんがなくなり，りんごは12個残りました。はじめにみかんとりんごは何個ずつありましたか。

（　　　　　）

(4) Aさんは100円のあめを何個か買い，Bさんは120円のガムを，Aさんが買ったあめの個数より2個多く買いました。Bさんがはらった代金が，Aさんがはらった代金よりも380円多かったとき，Aさんが買ったあめの個数を求めなさい。　〔共立女子第二中〕

（　　　　　）

上級レベル 100 文章題特訓（5）（差集め算）

1 次の問いに答えなさい。（6点×5）

(1) 1個130円の品物を何個か買う予定で，お金をちょうど持って行きました。しかし，1個110円だったので，予定より2個多く買えて，お金が80円余りました。買う予定だった個数を求めなさい。

（　　　　　）

(2) 持っているお金で，りんごを買うと8個買えて40円残ります。また，みかんを買うと15個買えて20円残ります。りんご1個のねだんはみかん1個のねだんより50円高いとき，持っていた金額を求めなさい。

（　　　　　）

(3) 1個50円のあめと1個80円のクッキーを何個ずつか買うつもりで1410円持って行きましたが，数を逆にして買ってしまったので90円残りました。次の問いに答えなさい。

① あめとクッキーのどちらを多く買う予定でしたか。

（　　　　　）

② あめを何個買うつもりでしたか。（　　　　　）

(4) A君は1個120円のパンを，B君は1個200円のケーキを，それぞれ何個か買いました。買った個数はA君のほうが4個多く，代金はB君のほうが320円高かったそうです。A君が買ったパンの個数を求めなさい。

（　　　　　）

2 次の問いに答えなさい。（5点×4）

(1) いくらかのお金を持ってりんごを買いに行きました。りんごは大，小の2種類あり，大のりんごならちょうど15個買え，小のりんごなら19個買えて20円残ります。大と小のりんご1個のねだんの差は20円です。持って行った金額を求めなさい。

（　　　　　）

(2) 1個200円のりんごをちょうど何個か買えるお金を持って出かけました。ところが，りんごは1個170円にねさがりしていたので，予定より3個多く買えて，90円余りました。持って行ったお金は何円でしたか。

〔神奈川学園中〕

（　　　　　）

(3) 1本50円のえん筆と1本100円のボールペンを合わせて30本買う予定でしたが，買う本数を逆にしてしまったので，予定より300円高くなってしまいました。えん筆は何本買う予定でしたか。

（　　　　　）

(4) 箱の中に，赤玉と白玉が同じ数ずつ入っています。いま，1回につき赤玉を6個，白玉を4個ずつ同時に何回かとり出したところ，赤玉はなくなり，白玉が12個残りました。はじめ，箱の中には赤玉は何個ありましたか。

（　　　　　）

101 最上級レベル 13

1 113人の生徒がA，B，C，Dの4つのグループに分かれました。DはBより3人多く，AはCより2人少なく，BはCより4人少ないです。次の問いに答えなさい。(7点×2)

(1) 人数が最も少ないグループはA，B，C，Dのどのグループですか。

（　　　　　）

(2) 人数が最も多いグループには何人の生徒がいますか。

（　　　　　）

2 いくつかのりんごを，1箱に24個ずつ入れていくと10個余ります。また，りんごを210個増やして1箱に26個ずつ入れていくと，24個ずつ入れるときより5箱増えて，最後の箱は6個不足します。はじめにりんごは何個ありましたか。(8点)　〔青稜中〕

（　　　　　）

3 2つの整数があります。大きい数を小さい数でわると商が18で余りは21です。また，大きい数から小さい数をひくと412になりました。大きい数を求めなさい。(7点)　〔城北中—改〕

（　　　　　）

4 50人の生徒が旅行先で，1個300円のみやげAと1個200円のみやげBを買うことになりました。A，B両方とも買った生徒が4人，両方とも買わなかった生徒が16人いて，全員のみやげ代金の合計は9800円でした。また，同じ種類のみやげを2個以上買った生徒はいませんでした。次の問いに答えなさい。(7点×3)

〔湘南学園中—改〕

(1) Aだけを買った生徒とBだけを買った生徒の合計を求めなさい。

（　　　　　）

(2) (1)の生徒たちが買ったみやげ代金の合計を求めなさい。

（　　　　　）

(3) Bのみを買った生徒は何人になるのか求めなさい。

（　　　　　）

1 ノート2さつ，ボールペン2本，えん筆1本のねだんの合計は730円です。ノート5さつ，ボールペン1本，えん筆2本のねだんの合計は1270円です。ノート1さつのねだんは，ボールペン1本とえん筆1本のねだんの合計と同じです。このとき，ノート1さつのねだんはいくらですか。(8点) 〔青稜中〕

(   )

2 クッキーを子どもに分けるのに，1人5まいずつ配ると22まい余り，8まいずつ配ると17まい足りません。では1人6まいずつ配ると何まい余りますか。(8点)

(   )

3 AさんとBさんは同じ額のお金を持って銀行に行きました。2人がそれぞれお金の一部をポンド（イギリスのお金）に両がえしてもらったところ，Aさんは20ポンドと22000円，Bさんは70ポンドと12800円を持っていました。Aさんは，はじめに何円持っていましたか。ただし，円をポンドに両がえしてもらうための手数料は考えないものとする。(8点) 〔慶應義塾湘南藤沢中〕

(   )

4 頭が1個で足が3本のうちゅう人と頭が3個で足が2本の2種類のうちゅう人がいます。頭と足だけが見えたので頭の数を数えると38個，足の数を数えると58本でした。うちゅう人は全部で何人いますか。(8点) 〔帝京大中〕

(   )

5 中学の生徒が夏休みに勉強合宿に行きました。ある1つの部屋には何きゃくかの長いすが用意されていました。この長いす1きゃくに5人ずつすわると長いすがちょうど3きゃく余りました。そこで，長いす1きゃくに3人ずつすわり直そうとしたところ，すわれない生徒が出てしまいましたが，その人数は10人未満でした。このとき，次の問いに答えなさい。(9点×2) 〔江戸川学園取手中—改〕

(1) 長いすの数は何きゃく以上何きゃく以下と考えられますか。

(   )

(2) 長いす1きゃくに4人ずつすわり直したところ，使われなかった長いすはなく，最後の1きゃくだけは4人すわりませんでした。このとき，長いすの数と生徒の人数をそれぞれ求めなさい。

(長いす   ，生徒数   )

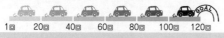

標準レベル **103**　**文章題特訓 (6)**
　　　　　　　　　　　　　(濃度算)

時間	30分	得点
合格	35点	/50点

1 次の問いに答えなさい。(6点×5)

(1) 食塩30gに水270gを加えると何%の食塩水ができますか。

（　　　　　）

(2) 4%の食塩水を500gつくるには，食塩は何g必要ですか。

（　　　　　）

(3) 水に食塩を3gとかして5%の食塩水をつくりました。この食塩水の重さは何gですか。

（　　　　　）

(4) 食塩12gに水を加えて，6%の食塩水をつくるとき，何gの水を加えるとよいですか。

（　　　　　）

(5) 8%の食塩水600gに水を200g加えると，何%の食塩水になりますか。

（　　　　　）

2 15gの食塩を水にとかして，ちょうど100gの食塩水をつくりました。これについて，次の問いに答えなさい。(5点×4)

(1) 同じ濃さの食塩水を540gつくるには，食塩は何g必要ですか。

（　　　　　）

(2) この食塩水に水を加えて8%の食塩水にするには，何gの水を加えるとよいですか。

（　　　　　）

(3) この食塩水から水をじょう発させて20%の食塩水にするには，何gの水をじょう発させればよいですか。

（　　　　　）

(4) この食塩水に食塩10gを加えると，何%の食塩水ができますか。四捨五入して，小数第1位まで求めなさい。

（　　　　　）

上級レベル 104 文章題特訓（6）（濃度算）

時間	30分	得点
合格	35点	50点

1 次の問いに答えなさい。（5点×5）

(1) 5％の食塩水40gと8％の食塩水60gを混ぜると，何％の食塩水ができるか求めなさい。

（　　　　　）

(2) 6％の食塩水300gと10％の食塩水200gを混ぜると，何％の食塩水ができるか求めなさい。

（　　　　　）

(3) ある濃さの食塩水が400gあります。この食塩水に5％の食塩水200gを混ぜると7％の食塩水ができました。400gの食塩水の濃さを求めなさい。

（　　　　　）

(4) 6％の食塩水200gに，15％の食塩水を何gか混ぜたところ，12％の食塩水ができました。15％の食塩水を何g混ぜたか求めなさい。

（　　　　　）

(5) 4％の食塩水250gと8％の食塩水150gを混ぜ，さらに水を加えて5％の食塩水にするには，何gの水を加えればよいか求めなさい。

（　　　　　）

2 次の問いに答えなさい。（5点×3）

(1) 5％の食塩水300gに入っている食塩と同じ量の食塩がとけている500gの食塩水の濃さを求めなさい。　〔立正大付属立正中〕

（　　　　　）

(2) 2％の食塩水180gと10％の食塩水120gを混ぜると，何％の食塩水になるか求めなさい。　〔星野学園中〕

（　　　　　）

(3) 20％の食塩水120gに4％の食塩水を混ぜて8％の食塩水をつくります。4％の食塩水を何g混ぜればよいか求めなさい。　〔かえつ有明中〕

（　　　　　）

3 18％の食塩水200gに水を入れて，12％の食塩水をつくるつもりでしたが，あやまって水と同じ重さの6％の食塩水を入れてしまいました。次の問いに答えなさい。（5点×2）　〔神奈川大附中〕

(1) 入れる予定だった水の重さを求めなさい。

（　　　　　）

(2) 6％の食塩水を入れたあとの食塩水の濃さを求めなさい。

（　　　　　）

文章題特訓 (7) (売買算)

1 次の問いに答えなさい。(5点×5)

(1) 800円で仕入れた品物に2割増しの定価をつけました。この品物の定価はいくらですか。

(　　　　　)

(2) 500円で仕入れた品物に15%増しの定価をつけました。この品物の定価はいくらですか。

(　　　　　)

(3) 定価2400円の品物を30%引きで売りました。この品物のねだんはいくらですか。

(　　　　　)

(4) ある品物に，仕入れねの2割5分の利益をみこんで定価をつけたところ1200円になりました。この品物の仕入れねはいくらですか。

(　　　　　)

(5) ある品物に，仕入れねの45%の利益をみこんで定価をつけたところ2900円になりました。この品物の仕入れねはいくらですか。

(　　　　　)

2 次の　　　にあてはまる数を求めなさい。(5点×5)

(1) 定価　　　円の3割5分引きの売りねは1495円です。　〔麗澤中〕

(　　　　　)

(2) ある商品を定価　　　円の25%引きで買ったら，1500円でした。

〔和洋国府台女子中〕

(　　　　　)

(3) ある商品の仕入れねは1500円で，定価　　　円の2割5分引きで売ると285円の利益があります。　〔和洋九段女子中〕

(　　　　　)

(4) 仕入れね　　　円の品物に，25%の利益をふくめると，定価は1000円になります。　〔玉川聖学院中〕

(　　　　　)

(5) 定価1500円の品物を3割5分引きで買ったときの代金は，　　　円です。

(　　　　　)

上級レベル **106**

文章題特訓 (7)
(売買算)

1 次の問いに答えなさい。(5点×4)

(1) 洋服を1着1800円で仕入れました。この洋服を定価の1割引き
で売っても，仕入れねの2割の利益があるようにするには定価を
いくらにすればよいか求めなさい。

（　　　　　　）

(2) たまごを1個20円で100個仕入れました。1個につき5円の
利益をみこんで定価をつけましたが，24個売れ残りました。これ
について，次の問いに答えなさい。
① 残りのたまごを1個につき10円ねびきして売ったとすると，
利益は全部でいくらになるか求めなさい。

（　　　　　　）

② 残りのたまごをねびきして売ったところ，利益の合計が308円
になりました。ねびきして売ったたまご1個の売りねを求めな
さい。

（　　　　　　）

(3) 仕入れね3500円の品物に30％の利益をみこんで定価をつけま
したが，売れ残ったので，定価の2割引きで売りました。利益は
仕入れねの何％になるか求めなさい。〔明治大付属中野八王子中〕

（　　　　　　）

2 次の問いに答えなさい。(6点×5)

(1) ある品物を定価の3割引きで売ると32円の利益がありますが，4
割引きで売ると64円の損になります。この品物の仕入れねを求め
なさい。〔星野学園中〕

（　　　　　　）

(2) 原価が3000円の商品に利益をみこんで定価をつけました。定価
の2割引きで売っても，原価の1割の利益が出るようにするには，
定価をいくらにすればよいか求めなさい。〔東海大付属浦安中〕

（　　　　　　）

(3) 定価を550円にして売ると，仕入れねの12％の損をしてしまう
商品があります。この品物に仕入れねの20％の利益をみこんでつ
けたときの定価を求めなさい。〔獨協埼玉中〕

（　　　　　　）

(4) ある品物の仕入れねに35％増しの定価をつけ，定価の2割引き
で売ると，仕入れねの何％の利益になるか求めなさい。
〔東京純心女子中〕

（　　　　　　）

(5) 1個につき80円の利益をみこんで定価をつけた品物があります。
定価の10％引きで12個売ったら利益は240円ありました。
この品物の定価を求めなさい。

（　　　　　　）

標準レベル 107 文章題特訓 (8) (数列)

1 次の数はあるきまりにしたがってならんでいます。 □にあてはまる数を求めなさい。(2点×6)

(1) 3, 8, 13, ①, 23, ②, 33, ……

①(　　　　　) ②(　　　　　)

(2) 1, 3, 9, ③, 81, ④, 729, ……

③(　　　　　) ④(　　　　　)

(3) 1, 1, 2, 3, 5, 8, 13, ⑤, ⑥, 55, 89, ……

⑤(　　　　　) ⑥(　　　　　)

2 次の数はあるきまりにしたがってならんでいます。これについて、次の問いに答えなさい。(6点×3)

10, 17, 24, 31, 38, ……

(1) 最初から14番目の数は何ですか。

(　　　　　)

(2) 最初の数から20番目の数までの和はいくらになりますか。

(　　　　　)

(3) 220は何番目の数になりますか。

(　　　　　)

3 次の問いに答えなさい。(5点×2)

(1) 35+37+39+41+……+93+95 の和はいくらになりますか。

(　　　　　)

(2) 1, 2, 1, 2, 3, 1, 2, 3, 4, 1, 2, 3, 4, 5, 1, 2, 3, ……のように、あるきまりにしたがって数がならんでいます。8回目に出てくる数字の4は、最初の1から数えて何番目の数になりますか。

(　　　　　)

4 右の表は、1から150までの数を、A, B, C, D, Eの5つの組に分けたものの一部です。これについて、次の問いに答えなさい。(5点×2)

組\だん	A	B	C	D	E
1	1	2	3	4	5
2	6	7	8	9	10
3	11	12	13	14	15
4	…	…			

(1) C組の上から18だん目の数は何ですか。

(　　　　　)

(2) 146は、どの組の上から何だん目の数ですか。

(　　　　　)

上級レベル 108　文章題特訓 (8)　(数列)

時間	得点
30分	
合格 35点	50点

1 次の問いに答えなさい。(6点×3)

(1) 次の分数はあるきまりにしたがってならんでいます。99番目の分数を求めなさい。

$$\frac{1}{1}, \ \frac{1}{2}, \ \frac{2}{1}, \ \frac{1}{3}, \ \frac{2}{2}, \ \frac{3}{1}, \ \frac{1}{4}, \ \frac{2}{3}, \ \frac{3}{2}, \ \frac{4}{1}, \ \frac{1}{5}, \ \frac{2}{4}, \ \cdots\cdots$$

(　　　　　　　)

(2) ある規則(きそく)にしたがって分数が次のようにならんでいます。これについて次の問いに答えなさい。

$$\frac{1}{1}, \ \frac{3}{2}, \ \frac{5}{3}, \ \frac{7}{4}, \ \frac{9}{5}, \ \frac{11}{1}, \ \frac{13}{2}, \ \frac{15}{3}, \ \frac{17}{4}, \ \frac{19}{5}, \ \frac{21}{1}, \ \frac{23}{2}, \ \cdots\cdots$$

① 最初から数えて18番目の分数を求めなさい。

(　　　　　　　)

② 最初から25番目までの分数のうち、整数となるものは何個(こ)あるか求めなさい。

(　　　　　　　)

2 右のように数をならべました。これについて、次の問いに答えなさい。(5点×2)

```
1だん目              1
2だん目           2 3 4
3だん目         5 6 7 8 9
4だん目      10 11 12 13 14 15 16
5だん目      17 18 19……
              ⋮
```

(1) 18だん目の左から2つ目の数を求めなさい。

(　　　　　　　)

(2) 1000は何だん目にあるか答えなさい。

(　　　　　　　)

3 右のように数をならべました。たとえば、8は上から4行目、左から2番目となります。これについて、次の問いに答えなさい。(5点×2)

```
                 1
               2   3
             6   5   4
           7   8   9   10
        15  14  13  12  11
      16  17  18   ……
```

(1) 上から23行目、左から10番目の数を求めなさい。

(　　　　　　　)

(2) 140は上から何行目、左から何番目になるか答えなさい。

(　　　　　　　)

4 次のように数を規則的にならべました。これについて、次の問いに答えなさい。(6点×2)

| 1番目 | 2番目 | 3番目 | 4番目 |

```
1番目    2番目      3番目         4番目
┌─┐    ┌─┬─┐   ┌─┬─┬─┐   ┌──┬──┬──┬──┐
│1│ →  │1│4│ → │1│4│9│ → │ 1│ 4│ 9│16│ → ……
└─┘    ├─┼─┤   ├─┼─┼─┤   ├──┼──┼──┼──┤
       │2│3│   │2│3│8│   │ 2│ 3│ 8│15│
       └─┴─┘   ├─┼─┼─┤   ├──┼──┼──┼──┤
               │5│6│7│   │ 5│ 6│ 7│14│
               └─┴─┴─┘   ├──┼──┼──┼──┤
                         │10│11│12│13│
                         └──┴──┴──┴──┘
```

(1) 8番目の数表の最大の数を求めなさい。

(　　　　　　　)

(2) 145がはじめて出てくるのは何番目の数表か答えなさい。

(　　　　　　　)

標準レベル **109** **文章題特訓 (9)**
(推理)

時間 **30分**
合格 **35点**
得点 **50点**

学習日 [月 日]

1 次の問いに答えなさい。(8点×4)

(1) A, B, C, D, E の 5 人の身長を測ったところ, 次のことがわかりました。ただし, 同じ身長の人はいないものとします。

・E は A より高い　　・D は B より低い　　・B は C より高い

・E は C と D の両方より低い

① いちばん身長が高いのはだれか答えなさい。

(　　　　　)

② 身長の高い順にならべたとき, 順位のわからない人はだれとだれか答えなさい。

(　　　　　)

(2) A, B, C の 3 人が 50m 走をした結果について, それぞれ次のように言いました。このとき, 2 人が本当のことを, 1 人がうそを言っています。

A「2番です」　　B「2番ではありません」　　C「3番です」

① うそを言っているのはだれか答えなさい。

(　　　　　)

② 1番, 2番, 3番はだれか, それぞれ答えなさい。

(1番　　　　, 2番　　　　, 3番　　　　)

2 次の問いに答えなさい。(6点×3)

(1) A, B, C, D の 4 人のうち, 1 人が日直です。次の会話で日直だけがうそを言っています。会話から, 日直はだれか答えなさい。

A:「C とぼくは日直ではありません」

B:「A が日直です」

C:「ぼくも D も日直ではありません」

D:「B が日直です」

(　　　　　)

(2) A, B, C, D, E の 5 人は, 午前 8 時から 8 時 20 分までの間に, 5 分おきに学校に着きました。登校時間について, 5 人が次のように言いました。5 人のうち 1 人の発言はまちがっています。5 人を登校した順にならべなさい。

A「C より 10 分おそかった」　　B「E より 15 分早かった」

C「いちばん早かった」　　D「B より 5 分おそかった」

E「D より 5 分おそかった」

(　　　　　)

(3) A, B, C, D, E, F, G, H の 8 つのサッカーチームが図のようにトーナメントの試合をしました。次のことから, ④で C と対戦したのはどこか答えなさい。

(ア) A は D に勝ったが H に負けた。

(イ) E は B に勝ったが H に負けた。

(ウ) G は F に勝ったが A に負けた。

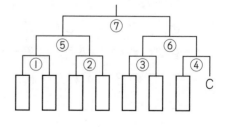

(　　　　　)

文章題特訓 (9)
(推理)

時間 **30分**
合格 **35点**
得点 _____ **50点**

1 次の問いに答えなさい。(8点×3)

(1) A, B, C, D の 4 人が算数のテストをする前に次のような予想をしました。

　A「1番になる」　　　　B「2番以内になる」

　C「A君に負けない」　　D「Bに勝つ」

テストの結果, A だけ予想がはずれました。4 人のテスト結果のよかった順にならべなさい。ただし, 同じ点数の人はいなかったものとします。

（　　　　　　　　　　）

(2) A, B, C, D の 4 チームが総当たり戦でサッカーの試合をしたところ, A と C は 2 勝 1 敗, D は 1 勝 2 敗の成績でした。また, A は C に勝ち, D は B に勝ったことがわかっています。このとき, A が負けたチームを答えなさい。

（　　　　　　　　　　）

(3) A, B, C の 3 人にトランプを 1 まいずつわたしました。トランプが赤 1 まい, 黒 2 まいだったことは 3 人とも知っていましたが, 自分以外の 2 人が何色をもらったかはわかりません。はじめ A に聞いたところ, A は「B君, C君が何色をもらったかはわかりません」と答えました。次に B に聞いたところ, B は「A君の答えを聞いたので, A君, C君が何色かわかりました」と答えました。A, B, C の 3 人がわたされたトランプはそれぞれ何色だったのか答えなさい。

（A　　　　, B　　　　, C　　　　）

2 次の問いに答えなさい。

(1) A, B, C, D, E の 5 人がたからくじを買いました。たからくじに当たったのは 1 人だけです。次のうち 2 人だけが本当のことを言っているとき, たからくじに当たったのはだれか答えなさい。

A「C は当たっていない」　　　B「A か C が当たった」

C「私と D は当たっていない」　D「私が当たりました」

E「B と C ははずれです」(6点)

（　　　　　　　　　　）

(2) A さん, B さん, C さん, D さんの 4 人が飼っているペットについて, 以下の①～⑥のことがわかっています。4 人それぞれが飼っているペットの種類とその名前の組み合わせをすべて答えなさい。

(5点×4) 〔品川女子学院中〕

① 4 人が飼っているペットの種類は, イヌ, ネコ, ウサギ, ハムスターのいずれかで, それぞれちがう種類のペットを飼っている。

② イヌの飼い主は D さんであるが, つけられた名前は「モモ」ではない。

③ C さんはペットに「ミミ」という名前をつけたが, それはハムスターではない。

④ 4 人のうちだれかが「モモ」という名前のペットを飼っているが, それは B さんではない。

⑤ ウサギにつけられた名前は「ココ」である。

⑥ ハムスターにつけられた名前は「ナナ」ではないが, 4 人のうちのだれかは「ナナ」という名前のペットを飼っている。

A さん（　　　,　　　）　B さん（　　　,　　　）

C さん（　　　,　　　）　D さん（　　　,　　　）

1回 20回 40回 60回 80回 100回 120回

111 最上級レベル 15

学習日〔　　月　　日〕

時間 30分

合格 35点

得点 50点

1 5％の食塩水が300g入っている容器Aと，濃度のわからない食塩水が400g入っている容器Bがあります。容器Aから100gをとり出し容器Bに入れてよくかき混ぜたところ，容器Bの中の食塩水の濃度は4.2％になりました。次の問いに答えなさい。

（6点×2）

(1) 5％の食塩水300gの中にとけている食塩は何gか求めなさい。

（　　　　　　）

(2) 最初の容器Bの中の食塩水の濃さを求めなさい。

（　　　　　　）

2 ある店では，商品Aを定価より8％ね下げし，商品Bを定価より10％ね上げして売ることにしました。A，B1個ずつの売りねの合計は472円となり，定価のときより2円高くなりました。また，AはBの2倍より4個多く売れ，売り上げの合計は4430円でした。このとき，次の各問いに答えなさい。ただし，消費税は考えないものとします。（6点×2）

〔明治大付属明治中〕

(1) AとBの定価は，それぞれ何円ですか。

（A　　　　，B　　　　）

(2) Aは何個売れましたか。

（　　　　　　）

3 次の図のように1円，5円，10円のこう貨を，ある規則にしたがってならべていく。このとき，次の問いに答えなさい。（6点×2）

〔慶應義塾湘南藤沢中一改〕

①⑤⑩①①⑤⑩①①⑤⑤⑩①①⑤⑤⑩⑩①①①⑤⑤⑩⑩…

(1) 42まいのこう貨をならべたとき，その42まいの合計金額を求めなさい。

（　　　　　　）

(2) 525まいのこう貨をならべたとき，その中に10円こう貨は全部で何まいありますか。

（　　　　　　）

4 4チームで総当たりのリーグ戦を行いました。（各チームは他のチームと1試合ずつ戦います。）1つの試合で勝ったチームは3ポイント，引き分けなら両方のチームが1ポイントずつもらえます。負けたチームは0ポイントです。引き分けの試合は全部で2試合あり，ポイントの多い順に順位をつけたところ，1位は7ポイント，2位は6ポイントでした。次の問いに答えなさい。（7点×2）

〔関東学院中〕

(1) 3位は何ポイントですか。

（　　　　　　）

(2) 4位は何ポイントですか。

（　　　　　　）

112 最上級レベル 16

1 ビーカー A に 5 % の食塩水が，ビーカー B に 8 % の食塩水がそれぞれ 100g ずつ入っています。ビーカー A の食塩水の半分をビーカー B に入れてよくかき混ぜ，その食塩水を 50g だけビーカー A にもどしました。**次の問いに答えなさい。** (7点×2)

(1) はじめのビーカー A の食塩水にふくまれる食塩は何 g ですか。

（　　　　　　　）

(2) ビーカー A の食塩水は何 % になりましたか。

（　　　　　　　）

2 **次の問いに答えなさい。** (7点×2)

(1) ある品物を全部で 20 万円で仕入れ，40% の利益をみこんで定価をつけて売りましたが，20% が売れ残りました。そこで，定価を割り引いて売ったところ，残りの品物は全部売り切れ，全部で 6 万 6 千円の利益が出ました。定価の何%引きで売りましたか。
〔関東学院中〕

（　　　　　　　）

(2) 仕入れねの 2 割増しの定価の商品を，定価の 1 割 5 分引きで売ったら 50 円の利益がありました。この商品の仕入れねを求めなさい。
〔頌栄女子学院中〕

（　　　　　　　）

3 右の図のように，ある規則にしたがって，連続する自然数をならべていきます。このとき，次の問いに答えなさい。(7点×2)
〔茗溪学園中―改〕

1	4
2	3

1番目

1	4	9
2	3	8
5	6	7

2番目

1	4	9	16
2	3	8	15
5	6	7	14
10	11	12	13

3番目

(1) 50 番目の右下すみにある数と，左下すみにある数の差を求めなさい。

（　　　　　　　）

(2) 100 番目の右下すみにある数を求めなさい。

（　　　　　　　）

4 スマートフォンやパソコン間でのメールや SNS では，情報を暗号化して相手に送り，それをもとにもどす（複合化する）ことによって情報をやりとりしています。今回は右のようにならんでいる文字と記号のみを利用して，暗号化された情報をもとにもどしましょう。例えば，『1 まわち。う』という情報を受け取った場合，『ま・わ・ち・。・う』の各文字を『1 個ずつ前にもどす』ことで，『もんだい』と読むことができます。では，『2 すえき"むた"く"をふ"ら』をもとにもどしなさい。(8点)
〔佼成学園中―改〕

あいうえお
かきくけこ
さしすせそ
たちつてと
なにぬねの
はひふへほ
まみむめも
やゆよ
らりるれろ
わをん
"。

（　　　　　　　）

113 仕上げテスト ①

時間	得点
30分	
合格 **35点**	50点

⭐1 次の計算をしなさい。（3点×4）

(1) 6÷30−0.095

(2) 32×0.85−8×2.2+16×0.4

(3) $3\frac{3}{4}−2.5+\frac{1}{6}$

(4) $\frac{1}{3}+\frac{3}{10}−0.45$

⭐2 次の問いに答えなさい。（3点×6）

(1) 5でわると3余り，7でわると5余る数のうち，2けたの数をすべて求めなさい。

（　　　　　）

(2) よしお君の持っているお金と，妹の持っているお金をあわせると1800円になります。よしお君の持っているお金は，妹の持っているお金の3倍より40円多いそうです。よしお君は何円持っていますか。

（　　　　　）

(3) りんご1個のねだんは，みかん4個のねだんより10円高く，りんご1個とみかん1個の代金は285円です。りんご1個のねだんは何円ですか。

（　　　　　）

(4) 5年1組の体重を調べたところ，男子16人の平均は31.5kgで，女子20人の平均は33.3kgでした。このとき，5年1組全員の平均は何kgになりますか。

（　　　　　）

(5) 20%の食塩水が400gあります。これを8%の食塩水にするには，何gの水を加えたらよいですか。

（　　　　　）

(6) 内のりがたて20cm，横30cm，高さ35cmの水そうに，上から8cmのところまで水を入れました。入れた水の体積は何Lか求めなさい。

（　　　　　）

⭐3 次の問いに答えなさい。（5点×4）

(1) 右の図で，AE＝AB，四角形ABCDは正方形，角ABE＝75°です。アとイの角の大きさを求めなさい。

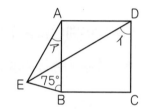

ア（　　　　）　イ（　　　　）

(2) 2つの直角三角形を，右の図のように重ねました。このとき，重なっていない部分のアとイの面積はどちらが何cm²広いですか。

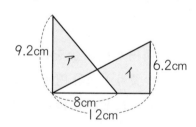

（　　　　　）

(3) 1辺が1cmの正三角形を，右の図のようにならべました。この中に，ひし形は全部で何個あるか求めなさい。

（　　　　　）

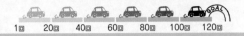
114 仕上げテスト ②

時間 30分	得点
合格 35点	50点

⭐**1** 次の計算をしなさい。(1)の商は小数第一位まで求め, 余りも出しなさい。(3点×4)

(1) $74.66 \div 3.59$

(2) $2\frac{5}{12} - \frac{7}{8} + 3\frac{13}{16}$

(3) $2\frac{1}{3} - 1\frac{3}{4} + \frac{4}{5} + 1\frac{1}{6}$

(4) $0.25 + 0.375 + 1\frac{7}{8}$

⭐**2** 次の問いに答えなさい。(4点×2)

(1) 分子と分母の数の差が 24 で, 約分すると $\frac{7}{11}$ になる分数を求めなさい。

(　　　　　　　)

(2) 何円かのお金を持ってノートを買いにいきました。ノートを 7 さつ買うと 40 円足りないので, 6 さつ買ったところ 80 円残りました。はじめに持っていった金額を求めなさい。

(　　　　　　　)

⭐**3** ある中高一貫校では, 全生徒数の 52 ％ が中学生です。この学校で歯科検診を行ったところ, 虫歯がある高校生は 153 人で全生徒数の 18 ％ でした。また, 虫歯がない高校生の人数は, 虫歯がない中学生の人数の 75 ％ にあたります。次の問いに答えなさい。(5点×2)

〔立教池袋中〕

(1) この学校の中学生は何人ですか。

(　　　　　　　)

(2) 虫歯がある中学生は何人ですか。

(　　　　　　　)

⭐**4** 次の問いに答えなさい。(5点×4)

(1) 高さが 9 cm, 面積が 54 cm² の台形をつくります。上底の長さが, 下底より 4 cm 短いとき, 上底の長さを求めなさい。

(　　　　　　　)

(2) 右の図の五角形で, 辺 AE と辺 CD, 辺 BC と辺 ED はどちらも平行です。角 B の大きさを求めなさい。

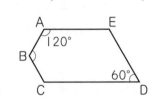

(　　　　　　　)

(3) 右の図の四角形 ABCD は正方形です。色のついた部分の面積の和を求めなさい。

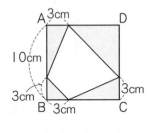

(　　　　　　　)

(4) 右の図のような直方体の形をした 2 つの容器 A と B があります。B に水をいっぱいに入れて, A に移しかえると, A の容器には高さの 25 ％ まで水が入りました。容器 A の高さを求めなさい。

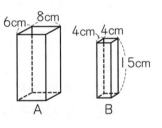

(　　　　　　　)

115 仕上げテスト ③

時間	得点
30分	
合格 **35**点	/50点

 1 次の計算をしなさい。(3点×4)

(1) $72÷(42-0.6÷0.02)×0.5$

(2) $1.98÷0.9+1.8×0.5÷0.2$

(3) $6\dfrac{7}{8}-1\dfrac{3}{4}-2\dfrac{5}{6}$

(4) $\dfrac{8}{11}+\dfrac{9}{13}+\dfrac{7}{11}+\dfrac{4}{13}-\dfrac{4}{11}$

 2 次の問いに答えなさい。

(1) りんご1個とメロン1個の代金は1680円で，メロン1個のねだんはりんご1個のねだんの8倍より60円高いそうです。メロン1個のねだんを求めなさい。(3点)

( )

(2) 今までに何回か算数のテストを受けて，その平均点が77点でした。もし次のテストで98点とると，平均点が80点になります。次のテストは，何回目になるのか求めなさい。(3点)

( )

(3) 赤い色紙が42まい，青い色紙が54まいあります。これをいくつかの束にし，どの束にも赤，青の色紙をそれぞれ同じまい数ずつ入れることにします。できるだけたくさんの束をつくるとき何束できるか求めなさい。(4点)

( )

(4) 16％の食塩水が100gあります。この食塩水のうち25gをとり出し，かわりに水を25g入れたときの食塩水の濃さを求めなさい。(4点)

( )

(5) AとBの体重を合わせると63.3kgで，AとCの体重を合わせると61.7kgです。また，BとCの体重を合わせると60kgです。Aの体重を求めなさい。(4点)

( )

3 次の問いに答えなさい。(5点×4)

(1) 右の図の三角形ABCは正三角形です。角DECの大きさを求めなさい。

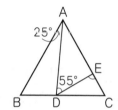

( )

(2) 右の図は，面積が48cm²の正六角形です。色のついた部分の面積を求めなさい。

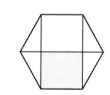

( )

(3) 右の図のような，二等辺三角形の形の板がたくさんあります。この板を，頂点Aが一点に集まるようにすきまなくならべてできる正多角形の対角線の数を求めなさい。

( )

(4) 同じ大きさの立方体6個で右の図のような立体をつくったところ，表面の面積が234cm²になりました。この立体の体積を求めなさい。

( )

116 仕上げテスト ④

1 次の計算をしなさい。(3点×4)

(1) 999×501−1001×499

(2) (3.5+2.15)×2.2

(3) $3\frac{3}{4}+2\frac{5}{6}-4\frac{4}{5}$

(4) $3\frac{2}{3}-\left\{3.75-\left(3\frac{1}{2}-1.25\right)\right\}$

2 次の問いに答えなさい。

(1) たて 204 cm,横 168 cm の長方形の紙をすべて使って同じ大きさの正方形を切り取ります。この長方形から 1 辺が最も長い正方形を切り取るときの正方形のまい数を求めなさい。(4点)

(　　　　)

(2) 0.8 m の重さが 2.4 kg の鉄のぼうがあります。この鉄のぼう 30 cm の重さを求めなさい。(4点)

(　　　　)

(3) たろう君と花子さんはゲームをしました。勝つと 3 点,負けると 0 点,引き分けのときは 2 人とも 1 点ずつもらえるというルールで 20 回ゲームをしたところ,たろう君は 24 点,花子さんは 33 点でした。たろう君は何勝何敗何引き分けですか。(5点)

(　　　　)

(4) 4,10,16,22,28,……と,ある規則にしたがってならぶ数があります。最初から 20 番目の数を求めなさい。(5点)

(　　　　)

3 次の問いに答えなさい。(4点×5)

(1) 右の図は長方形 ABCD の頂点 C が辺 AD に重なるように折り曲げたものです。アとイの角の大きさを求めなさい。

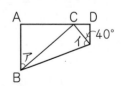

ア(　　　　) イ(　　　　)

(2) 図の四角形 ABCD は台形で,AB,BC,AD の長さは,それぞれ 4 cm,4 cm,6 cm です。台形 ABCD を CE の線で切り,面積の等しい三角形と四角形に分けました。AE の長さを求めなさい。

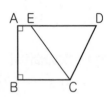

(　　　　)

(3) 右の図のような直方体の一部を切り取った立体があります。この立体の体積を求めなさい。

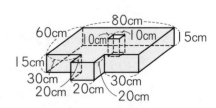

(　　　　)

(4) 右の図のような直方体の容器に 1.8 L の水を入れ,その中に石をしずめると,石はすべて水の中にしずんで,深さが 20 cm になりました。さらに 3 L の水を加えると,深さは 45 cm になりました。石の体積を求めなさい。

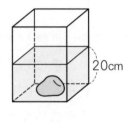

(　　　　)

117 仕上げテスト ⑤

⭐**1** 次の計算をしなさい。(3点×4)

(1) $2.25 \times 3.8 - 8.24 \div 1.6$

(2) $3\dfrac{3}{5} - \left(2\dfrac{3}{5} + \dfrac{1}{2}\right)$

(3) $\dfrac{1}{6} + 3 \div 7$

(4) $17 - \left\{3.9 - \left(1\dfrac{3}{5} - 0.9\right)\right\}$

⭐**2** 次の問いに答えなさい。

(1) 1から100までの整数のうち，3でも5でもわり切れない数の個数を求めなさい。(4点)

（　　　　　）

(2) 1箱4個入りのおかしと1箱5個入りのおかしを，合わせて16箱買ったところ，おかしは全部で70個ありました。1箱4個入りのおかしは何箱買いましたか。(4点) 〔桐光学園中一改〕

（　　　　　）

(3) 落とした高さの0.6倍ずつはねあがるボールがあります。3mの高さから落としたボールが2回目にはねあがる高さを求めなさい。(4点)

（　　　　　）

(4) 右のグラフは，ある日曜日の，いちろう君の一日の生活をグラフに表したものです。(3点×2)
① いちろう君は，朝7時45分に起きて野球をしに行きました。いちろう君が夜ねたのは何時何分ですか。

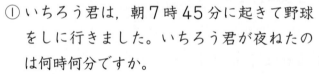

（　　　　　）

② いちろう君は，3時から4時30分までゲームをしました。グラフ中のゲームの部分の角の大きさを求めなさい。

（　　　　　）

⭐**3** 次の問いに答えなさい。(5点×4)

(1) 右の図で，直線ABと直線CDが平行なとき，アの角の大きさを求めなさい。

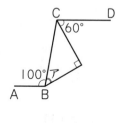

（　　　　　）

(2) 右の図の四角形は1辺が20cmの正方形です。このとき，色のついた部分のまわりの長さを求めなさい。円周率(えんしゅうりつ)は3.14とします。

（　　　　　）

(3) 右の図のような鉄の板を点線で折りまげて組み立てると，直方体の形の入れ物ができます。長方形⊛の面積は96cm²，長方形⒤の面積は120cm²です。また，アの長さはウの長さの1.5倍です。

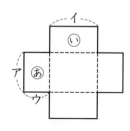

① この入れ物の容積(ようせき)は何cm³ですか。

（　　　　　）

② この入れ物に5cmの深さまで水を入れた後，水がこぼれないようにふたをして，⒤の面を下にして置いたときの水の深さを求めなさい。

（　　　　　）

118 仕上げテスト ❻

時間	30分	得点	
合格	35点		50点

⭐1 次の計算をしなさい。(3点×4)

(1) $0.7×8-4.2÷1.4$

(2) $340×15.5+450×3.4$

(3) $\dfrac{7}{8}-\dfrac{7}{12}+\dfrac{7}{36}$

(4) $0.5+\dfrac{4}{3}-\left\{\left(0.2-\dfrac{1}{6}\right)+\dfrac{8}{9}\right\}$

⭐2 次の問いに答えなさい。

(1) 300 より大きく，400 より小さい整数の中に，3 と 5 の公倍数は何個あるか求めなさい。(3点)

（　　　　　）

(2) みかん 5 個とりんご 7 個を買うと 1800 円で，みかん 6 個とりんご 8 個を買うと 2080 円です。みかん 1 個のねだんを求めなさい。(3点)

（　　　　　）

(3) 12 人ですき焼きをするため牛肉を用意しましたが，4 人増えたので，1 人あたり 75g ずつ減ってしまいました。はじめにあった牛肉の量を求めなさい。(4点)

（　　　　　）

(4) 学年全体でむし歯のある児童は 8% でした。むし歯のない児童は 138 人です。学年全体の児童数を求めなさい。(4点)

（　　　　　）

(5) 仕入れねが 3000 円の品物を定価の 2 割引きで売ったところ，600 円の利益がありました。この品物の定価を求めなさい。(4点)

（　　　　　）

⭐3 次の問いに答えなさい。(4点×5)

(1) 右の図で，AC＝BC＝CD です。角 D が 25° のとき，アの角の大きさを求めなさい。

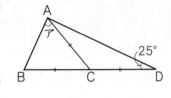

（　　　　　）

(2) 右の図で，四角形 ABCD はひし形です。対角線 AC の長さが 9cm のとき，対角線 BD の長さを求めなさい。

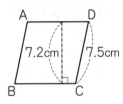

（　　　　　）

(3) 直角をはさむ 2 辺が 3cm と 6cm の合同な 2 つの直角三角形を，図のように下の辺が一直線になるように置いたとき，三角形 ACE の面積を求めなさい。

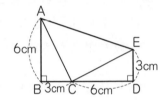

（　　　　　）

(4) 右の図のような，直方体を 2 つ組み合わせた形の水そうがあります。A，B 2 つの立方体の形をした入れ物を使って，この水そうに水を入れていったところ，A，B それぞれで 110 ぱいずつ入れたところで，水そうがちょうどいっぱいになりました。これについて，次の問いに答えなさい。

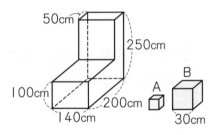

① この水そうの容積は何 L ですか。

（　　　　　）

② A の入れ物の容積は何 dL ですか。

（　　　　　）

119 仕上げテスト 7

 1 次の計算をしなさい。(3), (4)は□にあてはまる数を求めなさい。 (3点×4)

(1) $2\dfrac{1}{6} - \dfrac{3}{4} - \left(1\dfrac{7}{9} - \dfrac{11}{12}\right)$

(2) $380 \times 2.7 + 38 \times 98 - 3.8 \times 250$

(3) $4.8 \times (15 - \boxed{}) = 40.8$

(4) $0.125 \times 6 - \left(\dfrac{3}{4} - 0.55\right) = \boxed{}$

 2 次の問いに答えなさい。(4点×5)

(1) ボールペン5本と消しゴム2個を買ったところ, 代金が730円でした。ボールペン1本のねだんは消しゴム1個のねだんより20円高くなっています。ボールペン1本のねだんを求めなさい。

（　　　　　）

(2) 4教科の成績の平均点が86.5点で, 国語は82点, 理科は90点, 算数は社会よりも18点高いとき, 算数の点数を求めなさい。

（　　　　　）

(3) 9%の食塩水が400gあります。次の問いに答えなさい。

① この食塩水を6%の食塩水にするために加える水の量を求めなさい。

（　　　　　）

② この食塩水に別の食塩水を200g加えて11%の食塩水をつくるとき, 加える食塩水の濃さを求めなさい。

（　　　　　）

(4) 定価の2割5分引きの3000円で売ると500円の利益がある品物を, 定価で売ったときの利益は, 仕入れねの何割になるか求めなさい。

（　　　　　）

3 右の図のように, 正方形ABCDに三角形EBFを重ね, DCとBFが交わる点をGとします。角ABE＝角CBG, 角EBF＝48°です。このとき, アとイの角の大きさを求めなさい。(3点×2)

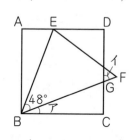

ア（　　　　　）イ（　　　　　）

4 右の図で, ADは外側の円の直径で24cm, AB＝6cm, BC＝8cm, CD＝10cmです。色のついた部分の周りの長さを求めなさい。円周率は3.14とします。(4点)

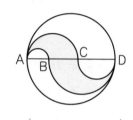

（　　　　　）

5 右の図のような高さの等しい2つの容器に, どちらも高さの半分まで水が入れてあります。Bの水を全部Aに移すと, Aの水面が1.25cm上がりました。これについて, 次の問いに答えなさい。(4点×2)

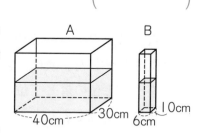

(1) 容器の高さを求めなさい。

（　　　　　）

(2) 最初にAに入っていた水の量は何Lであったか求めなさい。

（　　　　　）

120 仕上げテスト ⑧

時間	得点
30分	
合格	
35点	50点

⭐**1** 次の計算をしなさい。(3点×4)

(1) $12.8-(6.75-1.17)\div0.6$　　(2) $2.25\times4.8-19.5\div2.5$

(3) $\dfrac{1}{3}+2\dfrac{7}{8}-2\dfrac{1}{12}-0.5$　　(4) $\left(1.5+\dfrac{5}{6}\right)-\left(1.2+\dfrac{7}{8}\right)$

⭐**2** 次の問いに答えなさい。(5点×4)

(1) $1\div7$ を計算したときの小数第50位の数を求めなさい。

（　　　　　　）

(2) 去年のA君の体重は，おととしよりも5％増えましたが，今年は去年より1割減って 56.7 kg になりました。おととしのA君の体重を求めなさい。

（　　　　　　）

(3) A，B，C，D，Eの5人が100m走をしました。表は，2人ずつの順位を比べ上位の者と下位の者をそれぞれ勝ち・負けで表したものです。これだけでは順位のわからない人はだれとだれか答えなさい。

勝ち	B	D	A	E	A
負け	A	C	E	C	D

（　　　　　　）

(4) 1000まいの皿を運ぶ仕事があり，1まい運ぶと15円の料金がもらえますが，皿をこわすと料金はもらえず，1まいにつき300円べんしょうしなければなりません。もらった料金が13110円のとき，こわした皿のまい数を求めなさい。

（　　　　　　）

⭐**3** 次の問いに答えなさい。(6点×3)

(1) 右の図のように，直角三角形ABCと直角三角形DEFは辺BCと辺EFが重なっています。三角形DGCの面積が，四角形ABEGの面積より 1 cm² 大きいとき，辺DFの長さを求めなさい。

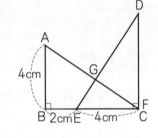

（　　　　　　）

(2) 図のような内のりがたて 60 cm，横 1 m，高さ 80 cm の直方体の形をした水そうがあります。管Aと管Bからは，それぞれ一定の量の水を入れることができ，管Cからは一定の量の水を出すことができると想定します。この水そうに，Aだけで5分間水を入れ，次にAとBの両方を使って水そうがいっぱいになるまで水を入れ，そのあと，

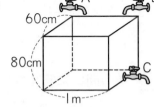

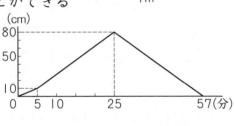

Aを閉じ，Bだけで水を入れながらCで水を出していきます。グラフはそのときの時間と水の深さの関係を表したものです。

①Cから出ていく水の量は1分間に何Lか求めなさい。

（　　　　　　）

②空の水そうに，Bだけを使って水を入れると，水そうをいっぱいにするのにかかる時間は何分何秒か求めなさい。

（　　　　　　）

標準レベル 1 整数と小数

☑解答

❶ (1) 10倍…31.4　100倍…314
　　1000倍…3140
　(2) $\dfrac{1}{10}$…2.43　$\dfrac{1}{100}$…0.243
　　$\dfrac{1}{1000}$…0.0243

❷ (1) 左に2けた　(2) 100倍　(3) $\dfrac{1}{1000}$

❸ (1) 1.02　(2) 2.15　(3) 12.34　(4) 0.325

❹ (1) 0.123　(2) 3.210　(3) 0.213
　(4) 2.013

❺ (1) 191　(2) 7.2　(3) 0.83　(4) 0.145
　(5) 3.4　(6) 0.00231

解説

❶❷ 数を10倍，100倍，……すると，小数点は右へ
1けた，2けた，……移る。$\dfrac{1}{10}$，$\dfrac{1}{100}$，……にすると，
小数点は左へ1けた，2けた，……移る。

❸ 単位をかえるときは何倍するのか，または何でわるの
かを考えればよい。
(1) g を kg にするときは，小数点を左へ3けた移す。
(2) cm を m にするときは，小数点を左へ2けた移す。
(3) L を dL にするときは，小数点を右へ1けた移す。
(4) mm を m にするときは，小数点を左へ3けた移す。

❹ (1) 一の位がいちばん小さい0で，小数点以下は小さ
いほうから1，2，3をあてはめた数である。
(3) 小さい順に，0.123，0.132，0.213となる。
(4) 一の位が1で2に最も近いのは1.320，一の位が
2で2に最も近いのは2.013である。1.320と
2.013では2.013のほうが2に近くなる。

上級レベル 2 整数と小数

☑解答

❶ (1) 34.9　(2) 0.00045　(3) 2.45

❷ (1) 10.23　(2) 98.76　(3) 30.12
　(4) 100倍…9012　$\dfrac{1}{1000}$…0.09012

❸ (1) 2.8　(2) 1202.3　(3) 2.856　(4) 0.55

❹ (1) 45日　(2) 0.95 m　(3) 144 cm²
　(4) 0.54 cm

❺ (1) 4.75以上4.85未満　(2) 124.5

解説

❶ (3) 24.5の$\dfrac{1}{100}$は0.245，これを10倍するので，
2.45となる。

❷ (1) 十の位には0は入らないので，1となる。あとは，
小さいほうから0，2，3をならべた数である。
(3) 十の位が2のときは29.87，十の位が3のときは
30.12が30に最も近くなる。29.87と30.12では，
30.12のほうが30に近くなる。
(4) 90に最も近い小数は90.12である。

❸ 求めたい単位にそろえてから計算する。
(1) 7.6 kg−4.8 kg=2.8 kg
(2) 2.3 m+1200 m=1202.3 m
(3) 0.356 L+2.5 L=2.856 L
(4) 0.67 m−0.12 m=0.55 m

❹ (3) 正方形のまい数は全部で，10×10=100（まい）
よって，全部の面積は，1.44×100=144（cm²）

❺ 「以上」，「以下」はその数もふくみ，「未満」はその数
をふくまない。
(1) 4.85の小数第二位を四捨五入すると4.9になるの
で，小数第二位を四捨五入して4.8になる数は4.85
より小さい数である。
(2) 124.5以上125.5未満のはん囲の数になる。

標準レベル 3 倍数と公倍数

☑解答

❶ (1) 偶数 0，24，154，348
　　奇数 31，99，677，1251
　(2) 20個　(3) 奇数

❷ (1) 4，8，12，16　(2) 11，22，33，44
　(3) 10，20，30，40　(4) 24

❸ (1) 63　(2) 6個　(3) 168　(4) 60

❹ (1) 午前9時36分　(2) 11回

解説

❶ (1) 偶数は2でわり切れる数，奇数は2でわり切れな
い数である。0は偶数とする。一の位で判断できる。
(2) 奇数は，1から9までに5個，1から50までに
25個あるので，25−5=20（個）である。
(3) 2+3=5，14+27=41のように，偶数と奇数をた
した数は奇数となる。

❷ 公倍数は，最小公倍数の倍数になっている。
(3) 2と5の最小公倍数は10なので，2と5の公倍数
は10の倍数となる。

❸ (2) 1から100までにある15の倍数の個数は，
100を15でわった商になる。
100÷15=6余り10なので，6個ある。
(3) 8と12の最小公倍数は24なので，7番目の数は
24×7=168

❹ (1) 12分おきと18分おきに発車する電車とバスが同
時に発車するのは，12と18の公倍数にあたる時間ご
とになる。12と18の最小公倍数は36なので，36
分ごとに同時に発車する。午前9時の次は午前9時
36分となる。
(2) 午前9時から午後3時までは6時間だから360分。
36分ごとに同時に発車するから，360÷36=10（回）
これに最初の午前9時の1回を加えて11回となる。

上級 レベル 4 倍数と公倍数

☑解答

1 (1)偶数 (2)△

2 (1)6, 12, 18 (2)16個 (3)96

3 (1)24 (2)48 (3)630

4 (1)18 (2)90 (3)306

5 (1)午前6時42分 (2)56まい

解説

1 偶数+偶数=偶数, 奇数+奇数=偶数 となる。

(1)A+Bは偶数, C+Dも偶数なので, 偶数+偶数となり, 結果は偶数となる。

(2)偶数を2でわった結果は, 4÷2=2, 6÷2=3 などのように, 偶数になるときと奇数になるときがある。

2 (2)100÷6=16余り4 だから, 16個ある。

(3)16×6=96 だから, 100より小さくて100に最も近いのは96である。

3 (3)

```
3 ) 42  63  105
7 ) 14  21  35
      2   3   5    3×7×2×3×5=630
```

4 (3)6と9の最小公倍数は18なので,
18×16=288, 18×17=306 で, 300に最も近いのは306のほうである。

5 (1)3つの電車が同時に発車するのは, 6と7と14の公倍数にあたる時間ごとになる。6と7と14の最小公倍数は42だから, 午前6時の次は午前6時42分になる。

(2)図の台形を2つくっつけると, たて16cm, 横28cmの長方形になる。この長方形で最小の正方形をつくると, 1辺の長さは16と28の最小公倍数で112cmになる。このときの長方形のまい数は, (112÷16)×(112÷28)=28(まい)である。よって, 台形は, 28×2=56(まい) 使う。

標準 レベル 5 約数と公約数

☑解答

1 (1)1, 2, 3, 4, 6, 8, 12, 24
(2)1, 2, 3, 6 (3)5

2 (1)8個 (2)12個 (3)4個

3 (1)1, 7
(2)6, 9, 12, 18, 36 (3)6

4 9人

5 1辺12cm, まい数12まい

解説

1 公約数は, 最大公約数の約数になっている。

(2)公約数は, まず最大公約数を求めて, その約数を求めるとはやく見つけることができる。12と18の最大公約数は6なので, 公約数は1, 2, 3, 6の4個。

2 (3)24と54の最大公約数は6なので, 6の約数である1, 2, 3, 6の4個となる。

3 (1)56の約数は, 1, 2, 4, 7, 8, 14, 28, 56で, 奇数は1, 7の2つである。

(2)求める数は, 40から余りの4をひいた36の約数のどれかである。ただし, わる数は余りの4よりも大きくないといけないので, 約数の中で4より大きい数が答えになる。

(3)6の約数の和は, 1+2+3+6=12なので, 6の2倍になっている。1けたの数ではこれ以外はない。

4 45本と27本を余りなく分けるので, どちらもわり切れる人数でなければならない。できるだけ多くの人数なので, 45と27の最大公約数となる。

5 正方形の1辺は, 48cmと36cmがわり切れる長さになる。できるだけ大きな正方形なので, 48と36の最大公約数となり, 1辺の長さは12cmである。また, まい数は (48÷12)×(36÷12)=12(まい)となる。

上級 レベル 6 約数と公約数

☑解答

1 (1)1, 7, 12, 14, 21, 28
(2)9 (3)1, 7

2 28

3 (1)4 (2)8

4 (1)32人 (2)32人, 64人 (3)26人
(4)74 (5)98

解説

1 (2)1とその数以外に約数が1つだけある数をさがす。

(3)21と28の最大公約数は7になる。

2 36と120の最大公約数は12になるので, 12の約数の和は, 1+2+3+4+6+12=28になる。

3 3つの数の組の最大公約数は, 3つともわり切れる数でわっていって求める。

4 (1)児童の人数は, 147−19=128 と, 99−3=96の公約数になる。128と96の最大公約数が32となるので, 公約数は, 1, 2, 4, 8, 16, 32であるが, 余りより大きくないといけないので, 19より大きい32人となる。

(2)求める人数は, 80−16=64 の約数で, 余りの16より大きい数になる。64の約数は, 1, 2, 4, 8, 16, 32, 64だから, 32人と64人が考えられる。

(3)求める人数は, 182と78と52の最大公約数で, 26人となる。

(4)約数が3個だけの数は, 小さいほうから, 4, 9, 25, 49…となる。よって, 25+49=74

(5)【12】=1+2+3+4+6+12=28 だから,
【【12】】=【28】=1+2+4+7+14+28=56 となる。
また, 【5】=1+5=6, 【4】=1+2+4=7 だから,
【5】×【4】=6×7=42
よって, 答えは, 56+42=98

標準レベル 7 倍数と約数の応用

◯解答

❶ (1) 14 個　(2) 11 個　(3) 33 個
　(4) 21 個　(5) 8 個　(6) 192

❷ (1) 0, 3, 6, 9　(2) 6

❸ (1) 偶数 2054, 奇数 4205　(2) 5　(3) 8

❹ 23 回

解説

❶ (1) 100÷7=14.2… より，14 個ある。

(2) 1 から 99 までには，99÷9=11（個），1 から 200 までには，200÷9=22.2… より，22 個ある。よって，100 から 200 までには，22−11=11（個）ある。

(3) 2 の倍数が 50÷2=25（個），3 の倍数が 50÷3=16.6… より，16 個，2 と 3 の最小公倍数となる 6 の倍数が 50÷6=8.3… より，8 個ある。2 の倍数の個数と 3 の倍数の個数をたすと，6 の倍数の個数だけ重なってしまうので，その個数をひいて，25+16−8=33（個）

(4) 4 の倍数は，1 から 49 までに 12 個，1 から 100 までには 25 個ある。よって，50 から 100 までには，25−12=13（個）ある。5 の倍数は，1 から 49 までに 9 個，1 から 100 までには 20 個ある。よって，50 から 100 までには，20−9=11（個）ある。4 と 5 の最小公倍数となる 20 の倍数は，1 から 49 までに 2 個，1 から 100 までには 5 個ある。よって，50 から 100 までには，5−2=3（個）ある。以上から，13+11−3=21（個）ある。

(6) 6 と 8 と 12 の最小公倍数 24 から求める。

❷ (1) 3 の倍数は，各位の数の和が 3 の倍数になる。8+□+1 が 3 の倍数になればいいので，□には，0, 3, 6, 9 の 4 つがあてはまる。

(2) 9 の倍数は，各位の数の和が 9 の倍数になる。2+6+□+7+6 が 9 の倍数になればいいので，□には

6 だけがあてはまる。

❸ (2) 求める数は，47−2=45 と 72−2=70 の最大公約数となる。45 と 70 の最大公約数は 5 である。

(3) 求める数は，36−4=32 と 60−4=56 と 76−4=72 の最大公約数になる。32 と 56 と 72 の最大公約数は 8 である。

❹ 6 と 8 と 12 の最小公倍数である 24 分ごとに同時に発車する。午前 6 時から午後 3 時までの 9 時間，つまり 540 分で，540÷24=22.5… より，22 回だから，午前 6 時の 1 回と合わせて 23 回となる。

上級レベル 8 倍数と約数の応用

◯解答

❶ (1) 56　(2) 37, 72　(3) 58
　(4) 31, 61, 91　(5) 88

❷ (1) 6　(2) 6　(3) 4, 9　(4) 29 か所
　(5) 36 と 144, 72 と 108　(6) 126

❸ 17

解説

❶ (1) 4 の倍数は小さいほうから 4, 8, 12, 16, 20 で，そのうち 6 でわると 2 余る数は 8, 20, 32, 44, 56… となるので答えは 56 になる。

(2) 求める数は，5 と 7 の公倍数に 2 を加えた数になる。5 と 7 の最小公倍数は 35 なので，35×1+2=37，35×2+2=72 の 2 つになる。

(3) 6 でわって 4 余る数に 2 を加えると 6 でわり切れる。また，10 でわって 8 余る数に 2 を加えると 10 でわり切れる。このことから，求める数は 6 と 10 の公倍数から 2 をひいた数になる。6 と 10 の最小公倍数は 30 なので，2 けたの数は，30×1−2=28，30×2−2=58，30×3−2=88 である。このうち，十の位が奇数になるのは 58 である。

(4) 2 と 3 と 5 の公倍数に 1 を加えた 2 けたの数になる。

(5) 求める数は，3 と 5 の公倍数から 2 をひいた数のうち最も大きな 2 けたの数である。15 の倍数で考えて，15×6−2=88 である。

❷ (1) 求める数は，75−3=72 と 56−2=54 の公約数になる。72 と 54 の最大公約数は 18 なので，公約数は，1, 2, 3, 6, 9, 18 である。このうち，余りの 3 より大きいものは 6, 9, 18 なので，答えは 6 となる。

(2) 求める数は，26−2=24 と 63−3=60 と 76−4=72 の公約数で，余りの 4 より大きいもののうち，最も小さい数である。24 と 60 と 72 の最大公約数は 12 なので，公約数は 1, 2, 3, 4, 6, 12 である。よって，答えは 6 である。

(4) 300÷120=2.5（m）→250 cm，300÷150=2（m）→200 cm なので，250 と 200 の最小公倍数の 1000 cm=10 m ごとに重なる。300÷10=30，両はしには旗を立てないので，30−1=29（か所）

(5) 最大公約数が 36 だから，A=36×◯，B=36×□ と表せる。A+B=180 より，A+B=36×◯+36×□=180，36×（◯+□）=180　よって，◯+□=5 となる。◯と□の組み合わせは（1, 4），（2, 3）なので，36×1=36，36×4=144 と，36×2=72，36×3=108 の場合がある。

(6) A=21×□，105=21×5 と表せるので，A と 105 の最小公倍数は，21×□×5 となる。これが 630 なので，□=630÷（21×5）=6　よって，A=21×6=126

❸ 連続した 9 つの整数の中に，3 の倍数は必ず 3 つふくまれる。36÷3=12 より，3 つの 3 の倍数のまん中の数は 12 になる。これから，連続する 9 つの整数は，次のような場合が考えられ，問題に合うのは①の場合である。（2 の倍数の和が 52 になる。）

① 9, 10, 11, 12, 13, 14, 15, 16, 17
② 8, 9, 10, 11, 12, 13, 14, 15, 16
③ 7, 8, 9, 10, 11, 12, 13, 14, 15

123

☑解答

1 ア 4　イ 20　ウ 6　エ 10　オ 3　カ 30

2 (1) $\dfrac{1}{3}$　(2) $\dfrac{1}{4}$　(3) $\dfrac{1}{4}$　(4) $\dfrac{1}{2}$　(5) $\dfrac{4}{5}$

(6) $\dfrac{17}{26}$

3 ②，③

4 (1) $\left(\dfrac{8}{12}, \dfrac{9}{12}\right)$　(2) $\left(\dfrac{5}{10}, \dfrac{4}{10}\right)$

(3) $\left(\dfrac{9}{24}, \dfrac{2}{24}\right)$　(4) $\left(\dfrac{40}{60}, \dfrac{45}{60}, \dfrac{48}{60}\right)$

(5) $\left(\dfrac{16}{40}, \dfrac{25}{40}, \dfrac{36}{40}\right)$

(6) $\left(\dfrac{7}{21}, \dfrac{9}{21}, \dfrac{5}{21}\right)$

5 (1)②　(2) $\dfrac{6}{8}, \dfrac{9}{12}, \dfrac{12}{16}, \dfrac{15}{20}$

(3) $\dfrac{14}{18}, \dfrac{21}{27}, \dfrac{28}{36}$

解説

1 分数の分母と分子に同じ数をかけても，分母と分子を同じ数でわっても，分数の大きさは変わらない。
(3) $30 \div 15 = 2$ より，ウは $12 \div 2 = 6$ である。また，$12 \div 4 = 3$ より，エは $30 \div 3 = 10$ と求められる。
(4) $16 \div 2 = 8$ より，オは $24 \div 8 = 3$ である。すると，$45 \div 3 = 15$ より，カは $2 \times 15 = 30$ と求められる。

2 約分は，分母と分子の最大公約数でわると，1回の約分ですむが，何回かに分けてわっていってもよい。最後は，それ以上約分できないところまで行う。

3 ①は 4，④は 3，⑤は 13 でそれぞれ約分できる。

4 通分して，分母をそれぞれ(1)は 12，(2)は 10，(3)は 24，(4)は 60，(5)は 40，(6)は 21 とする。

---

5 (1)①～③の分母を通分して 24 にすると，① $\dfrac{9}{24}$，② $\dfrac{10}{24}$，③ $\dfrac{6}{24}$ となるので，最も大きいのは②である。
(2)(3)分母・分子を2倍，3倍，……としていく。

☑解答

1 (1) $\left(\dfrac{40}{60}, \dfrac{45}{60}, \dfrac{48}{60}, \dfrac{50}{60}\right)$

(2) $\left(\dfrac{30}{60}, \dfrac{36}{60}, \dfrac{8}{60}, \dfrac{1}{60}\right)$

2 (1) $\dfrac{17}{42}$　(2) $\dfrac{11}{15}$　(3) $\dfrac{36}{99}$　(4) $\dfrac{147}{189}$

3 (1) $\dfrac{63}{71}$　(2) $\dfrac{7}{20}$　(3) $\dfrac{3}{10}$　(4)5 個

4 (1)3 個　(2)12 個

解説

2 (1) $\dfrac{2}{3} = \dfrac{28}{42}$，$28 - 11 = 17$ より $\dfrac{17}{42}$

(2) $11 - 3 = 8$，$\dfrac{2}{3} = \dfrac{8}{12}$，$12 + 3 = 15$ より $\dfrac{11}{15}$

(3) 分母と分子の和は $11 + 4 = 15$
分母と分子を2倍，3倍，…していくと，和も2倍，3倍，…になる。$135 \div 15 = 9$ より，分母と分子を9倍すればよいので，求める分数は，$\dfrac{4 \times 9}{11 \times 9} = \dfrac{36}{99}$

(4)いま分母と分子の差が $9 - 7 = 2$ なので，これが 42 になるのだから，分母と分子を $42 \div 2 = 21$(倍) すれば，求める分数になる。よって，答えは $\dfrac{147}{189}$ となる。

---

3 (1) $\dfrac{7}{8} < \dfrac{63}{\square} < \dfrac{9}{10}$ となるので，分子を 63 でそろえると，$\dfrac{63}{72} < \dfrac{63}{\square} < \dfrac{63}{70}$ となる。よって，$\square$ は 71 になる。

(2) $\dfrac{1}{3} < \dfrac{\square}{20} < \dfrac{2}{5}$ となるので，分母を 60 で通分すると，$\dfrac{20}{60} < \dfrac{\square \times 3}{60} < \dfrac{24}{60}$ となる。20 より大きくて 24 より小さい 3 の倍数は 21 だけなので，$\square = 21 \div 3 = 7$

(3) $\dfrac{4}{15} < \dfrac{\square}{10} < \dfrac{11}{18}$ となるので，分母を 90 で通分すると，$\dfrac{24}{90} < \dfrac{\square \times 9}{90} < \dfrac{55}{90}$ となる。よって，$\square$ にあてはまる数は，3，4，5，6 となる。そのうち，3 のときだけが約分できないので，答えは $\dfrac{3}{10}$ となる。

(4) $\dfrac{5}{8} < \dfrac{\square}{72} < \dfrac{5}{6}$ となるので，分母を 72 で通分すると，$\dfrac{45}{72} < \dfrac{\square}{72} < \dfrac{60}{72}$ となる。よって，$\square$ には 46 以上 59 以下の整数があてはまる。そのうち，47，49，53，55，59 のときが約分できない。

4 (1)分子が 10 の倍数のときなので，$\dfrac{10}{10}, \dfrac{20}{10}, \dfrac{30}{10}$ の 3 個である。
(2) 10 の約数は 1，2，5，10 なので，分子が 2，5，10 を約数としてもっていない数になる。よって，分子が 1，3，7，9，11，13，17，19，21，23，27，29 の 12 個ある。

11 最上級レベル ①

☑解答

1 (1) 0.32　(2)① 300個　② 75個
　(3) 3個　(4) 3個
2 (1) 374まい　(2) 60, 120, 150
3 (1) 6　(2) 17, 36, 38, 39, 80
　(3) 15回

解説

1 (1) ある数を□とすると，正しい計算は□×10，まちがった計算は□×100と表される。これから，100×□−10×□=28.8 となる。計算のきまりから，(100−10)×□=28.8　90×□=28.8
よって，□=28.8÷90=0.32 となる。
(2)① 100から999までの3の倍数を求める。1から99までに，99÷3=33(個)，1から999までに，999÷3=333(個)　よって，100から999までの3けたの整数の中には，333−33=300(個) ある。
② 求める数に2を加えると，3でも4でもわり切れる数になる。このことから，求める数は3と4の公倍数から2をひいた数になる。3と4の最小公倍数は12なので，12×8−2=94，12×83−2=994 より，83−8=75(個) ある。
(3) 分母を105で通分すると，
$\frac{63}{105} < \frac{□×7}{105} < \frac{90}{105}$ となる。63より大きく90より小さい7の倍数は，70, 77, 84の3個である。
(4) 2でも3でもわり切れる数は，6の倍数である。10以上50以下では，12, 18, 24, 30, 36, 42, 48になるが，4でわると2余る数は，18, 30, 42の3個である。
2 (1) 直角二等辺三角形を2つ合わせた正方形を考える。143と221の最大公約数は13なので，正方形の1辺は13cm

正方形は，(143÷13)×(221÷13)=187(まい)
1つの正方形に直角二等辺三角形は2まいずつあるから，2×187=374(まい)
(2) A, B, Cの最大公約数が10だから，すべての数の一の位は0になる。また，A+B+C=90 より，(A, B, C)の組み合わせは，次の3組 (10, 20, 60)，(10, 30, 50)，(20, 30, 40)になるので，最小公倍数として考えられる数は，60, 150, 120である。
3 (1) このそうさを→で表すことにすると，17→18→9→10→5→6となるので，答えは6である。
(2) 逆算して考える。このそうさで10になる数は，9と20である。このそうさで9になるのは18だけである。また，このそうさで20になるのは19と40である。つまり18, 19, 40になるもとの数を考えればよい。このそうさで18になる数は17と36で，19になる数は38のみで，40になる数は39と80である。よって，答えは17, 36, 38, 39, 80の5個である。
(3) 753→754→377→378→189→190→95→96→48→24→12→6→3→4→2→1の15回ではじめて1になる。

12 最上級レベル ②

☑解答

1 (1) 2.157　(2)① 62　② 535　(3) $\frac{21}{28}$
　(4) 29
2 4, 9, 25
3 5個
4 (1) 18まい　(2) 3種類

解説

1 (1) ある小数を□とすると，
100×□+□=217.857 となる。計算のきまりから，101×□=217.857　□=217.857÷101=2.157
(2)① Bの性質をもつ整数は，小さい順に8, 17, 26, …で，17はAの性質ももっている。5と9の最小公倍数は45なので，17, 17+45×1, 17+45×2, …という整数を考えることになる。
17+45×1=62，17+45×2=107，17+45×3=152 なので，答えは62である。
② 17+45×4=197 なので，
17+62+107+152+197=535
(3) もとの分数を $\frac{3×□}{4×□}$ と表すと，3×□×4×□=588 となる。よって，□×□=588÷12=49 より，□=7 となり，もとの分数は，$\frac{3×□}{4×□}=\frac{3×7}{4×7}=\frac{21}{28}$
(4) 6を加えると7の倍数になる数は，1, 8, 15, 22, 29, …となるが，これらの数に7を加えると，8, 15, 22, 29, 36, …となり，最小の6の倍数は36なので，求める数は29である。

2 ボールが3個入っているということは，その箱の約数を出席番号とする児童が3人いるということになる。1～25の整数のうち，約数を3個もつものは，4と9と25である。

③ レモン，ゆず，ももそれぞれのねだんは 7 の倍数だが，りんごのねだんだけ 7 でわった余り(あま)が 1 である。1587÷7=226 余り 5 より，余り 5 が出るのは，りんごの個数が 5 個，5+7=12（個），5+7×2=19（個），…のときであるが，12 個以上買うと代金をこえてしまうので，答えは 5 個である。

④ 板の面積は 2×1=2（cm²）なので，これをしきつめてできる正方形の面積は必ず偶数になる。よって，正方形の 1 辺も偶数の長さになる。
(1) 1 番小さい正方形は 1 辺が 2 cm のもので板は 2 まい使う。2 番目に小さい正方形の 1 辺は 4 cm で板は 8 まい使う。3 番目に小さい正方形は 1 辺が 6 cm なので，板は 18 まい使う。

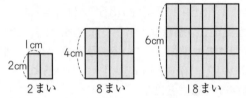

(2) 1 辺が 8 cm のとき，面積を考えると，
64（cm²）÷2（cm²）=32（まい）
1 辺が 10 cm のとき，100（cm²）÷2（cm²）=50（まい）
1 辺が 12 cm のとき，144（cm²）÷2（cm²）=72（まい）
1 辺が 14 cm のとき，196（cm²）÷2（cm²）=98（まい）
となるので，1 辺の長さが 10 cm，12 cm，14 cm の 3 種類になる。

標準レベル 13 分数のたし算とひき算

☑解答

① (1) $\dfrac{7}{9}$　(2) $\dfrac{1}{8}$　(3) $\dfrac{5}{6}$　(4) $\dfrac{3}{20}$　(5) $\dfrac{23}{35}$
(6) $\dfrac{7}{24}$

② (1) $2\dfrac{1}{6}$　(2) $1\dfrac{11}{24}$　(3) $2\dfrac{17}{42}$　(4) $1\dfrac{1}{30}$

③ (1) $1\dfrac{2}{5}$ m²　(2) $1\dfrac{5}{8}$ kg
(3) $2\dfrac{1}{15}$ L　(4) $\dfrac{9}{40}$ m

解説

① 分母がことなる分数のたし算，ひき算は，分母の最小公倍数で通分し，分母をそろえて計算する。
(4) $\dfrac{3}{4}-\dfrac{3}{5}=\dfrac{15}{20}-\dfrac{12}{20}=\dfrac{3}{20}$
(5) $\dfrac{3}{10}+\dfrac{5}{14}=\dfrac{21}{70}+\dfrac{25}{70}=\dfrac{46}{70}=\dfrac{23}{35}$

② (1) $1\dfrac{1}{2}+\dfrac{2}{3}=1\dfrac{3}{6}+\dfrac{4}{6}=1\dfrac{7}{6}=2\dfrac{1}{6}$
(2) $1\dfrac{5}{8}-\dfrac{1}{6}=1\dfrac{15}{24}-\dfrac{4}{24}=1\dfrac{11}{24}$
(3) $1\dfrac{5}{14}+1\dfrac{1}{21}=1\dfrac{15}{42}+1\dfrac{2}{42}=2\dfrac{17}{42}$
(4) $2\dfrac{14}{15}-1\dfrac{9}{10}=2\dfrac{28}{30}-1\dfrac{27}{30}=1\dfrac{1}{30}$

③ (1) $\dfrac{13}{20}+\dfrac{3}{4}=\dfrac{13}{20}+\dfrac{15}{20}=\dfrac{28}{20}=1\dfrac{2}{5}$（m²）
(2) $2\dfrac{3}{8}-\dfrac{3}{4}=2\dfrac{3}{8}-\dfrac{6}{8}=1\dfrac{5}{8}$（kg）
(3) $\dfrac{9}{10}+\dfrac{1}{2}+\dfrac{2}{3}=\dfrac{27}{30}+\dfrac{15}{30}+\dfrac{20}{30}=\dfrac{62}{30}=2\dfrac{1}{15}$（L）
(4) $3-1\dfrac{3}{8}-1\dfrac{2}{5}=\dfrac{120}{40}-\dfrac{55}{40}-\dfrac{56}{40}=\dfrac{9}{40}$（m）

上級レベル 14 分数のたし算とひき算

☑解答

① (1) $1\dfrac{17}{60}$　(2) $\dfrac{7}{12}$　(3) $4\dfrac{5}{8}$　(4) $\dfrac{41}{42}$

② (1) $2\dfrac{11}{12}$ km　(2) $1\dfrac{1}{4}$ km

③ (1) ア $\dfrac{11}{24}$　イ $\dfrac{7}{24}$
(2) ア 2，イ 3，ウ 6　(3) $2\dfrac{3}{4}$

解説

① (1) $\dfrac{1}{3}+\dfrac{3}{4}+\dfrac{1}{5}=\dfrac{20}{60}+\dfrac{45}{60}+\dfrac{12}{60}=1\dfrac{17}{60}$
(2) $1-\dfrac{1}{4}-\dfrac{1}{6}=\dfrac{12}{12}-\dfrac{3}{12}-\dfrac{2}{12}=\dfrac{7}{12}$
(3) $2\dfrac{1}{2}+1\dfrac{3}{4}+\dfrac{3}{8}=2\dfrac{4}{8}+1\dfrac{6}{8}+\dfrac{3}{8}=3\dfrac{13}{8}=4\dfrac{5}{8}$
(4) $3\dfrac{3}{14}-2\dfrac{1}{7}-\dfrac{2}{21}=2\dfrac{51}{42}-2\dfrac{6}{42}-\dfrac{4}{42}=\dfrac{41}{42}$

② (1) $\dfrac{1}{2}+\dfrac{2}{3}+1\dfrac{3}{4}=\dfrac{6}{12}+\dfrac{8}{12}+1\dfrac{9}{12}=2\dfrac{11}{12}$（km）
(2) $\left(\dfrac{2}{3}+1\dfrac{3}{4}\right)-\left(\dfrac{1}{2}+\dfrac{2}{3}\right)=1\dfrac{3}{4}-\dfrac{1}{2}=1\dfrac{3}{4}-\dfrac{2}{4}$
$=1\dfrac{1}{4}$（km）

③ (1) 上の列のまん中の数 $=1-\left(\dfrac{3}{8}+\dfrac{5}{12}\right)=\dfrac{5}{24}$
右下の数 $=1-\left(\dfrac{3}{8}+\dfrac{1}{3}\right)=\dfrac{7}{24}$　これから，
ア $=1-\left(\dfrac{5}{24}+\dfrac{1}{3}\right)=\dfrac{11}{24}$，イ $=1-\left(\dfrac{5}{12}+\dfrac{7}{24}\right)=\dfrac{7}{24}$
(3) $3\dfrac{1}{3}-\boxed{}=1\dfrac{5}{12}-\dfrac{5}{6}=\dfrac{7}{12}$
$\boxed{}=3\dfrac{1}{3}-\dfrac{7}{12}=\dfrac{33}{12}=\dfrac{11}{4}=2\dfrac{3}{4}$

標準レベル 15 分数と小数 (1)

☑解答

❶ (1) $\dfrac{3}{8}$ (2) $\dfrac{4}{7}$ (3) $\dfrac{17}{6}$ (4) $\dfrac{2}{3}$ (5) $\dfrac{3}{7}$ (6) $\dfrac{7}{2}$

❷ (1) 2 (2) 15 (3) 14 (4) 12

❸ (1) 0.4 (2) 0.75 (3) 0.125 (4) 0.43

(5) 0.56 (6) 2.375

❹ (1) $\dfrac{7}{10}$ (2) $\dfrac{3}{25}$ (3) $\dfrac{57}{200}$ (4) $1\dfrac{4}{5}$

(5) $2\dfrac{1}{4}$ (6) $3\dfrac{7}{40}$

❺ (1) $\dfrac{3}{5}$, 0.65, $\dfrac{7}{9}$ (2) 0.75 (3) $\dfrac{3}{11}$ kg

(4) $\dfrac{2}{5}$ m (5) $\dfrac{1}{4}$ L

解説

❶ 整数○を整数△でわった商は，分数で $\dfrac{○}{△}$ と表すことができる。わる数が分母になる。

(4) $8\div12=\dfrac{8}{12}=\dfrac{2}{3}$　約分を忘れないようにする。

❸ 分数を小数に直すには，分子÷分母 を計算する。

(4) $3\div7=0.428\cdots\to0.43$

❹ 小数は，$0.1=\dfrac{1}{10}$，$0.01=\dfrac{1}{100}$ から，10 や 100 などを分母とする分数に直すことができる。

(2) $0.12=\dfrac{12}{100}=\dfrac{3}{25}$

(6) $3.175=3+0.175=3\dfrac{175}{1000}=3\dfrac{7}{40}$

❺ 数の大小は，分数か小数にそろえて比べる。

(1) $3\div5=0.6$，$7\div9=0.77\cdots$，0.65 として比べる。

(5) $7.5\div30=0.25=\dfrac{1}{4}$(L)

上級レベル 16 分数と小数 (1)

☑解答

❶ (1) $\dfrac{2}{5}$ (2) $\dfrac{1}{4}$ (3) $\dfrac{1}{8}$ (4) $\dfrac{8}{37}$ (5) $\dfrac{4}{9}$

(6) $\dfrac{2}{9}$

❷ (1) 0.6 (2) 1.778 (3) 15.625 (4) $\dfrac{3}{4}$

(5) $1\dfrac{6}{25}$ (6) $3\dfrac{5}{8}$ (7) 0.4 (8) $5\dfrac{7}{8}$ (9) $\dfrac{1}{80}$

❸ (1) $\dfrac{5}{12}$，$\dfrac{3}{7}$，0.43，$\dfrac{10}{21}$，$\dfrac{5}{9}$ (2) $3\dfrac{2}{5}$(3.4)

(3) $\dfrac{4}{5}$ (4) 7

❹ (1) $4\dfrac{1}{12}$ kg (2) $1\dfrac{29}{30}$ km

解説

❶ すべて，最後に約分ができる。

(5) 24 で約分する。

(6) 13 で約分する。

❷ (2) $48\div27=1.7777\cdots\to1.778$

(6) $3.625=3+0.625=3+\dfrac{625}{1000}=3\dfrac{5}{8}$

(8) $5.875=5+\dfrac{875}{1000}=5\dfrac{7}{8}$

(9) $0.0125=\dfrac{125}{10000}=\dfrac{1}{80}$

❸ (1) $3\div7=0.428\cdots$，$10\div21=0.476\cdots$，$5\div9=0.5\cdots$，$5\div12=0.416\cdots$として比べる。

(3) $\dfrac{2}{3}+\dfrac{2}{15}=\dfrac{10}{15}+\dfrac{2}{15}=\dfrac{12}{15}=\dfrac{4}{5}$

(4) $2\div\square=\dfrac{9}{14}-\dfrac{5}{14}=\dfrac{2}{7}$ より，$\square=7$

❹ (2) $\dfrac{2}{3}+1.3=\dfrac{2}{3}+\dfrac{13}{10}=\dfrac{20}{30}+\dfrac{39}{30}=\dfrac{59}{30}=1\dfrac{29}{30}$(km)

標準レベル 17 分数と小数 (2)

☑解答

❶ (1) $1\dfrac{2}{15}$ (2) $2\dfrac{11}{12}$ (3) 2 (4) $\dfrac{18}{35}$

(5) $1\dfrac{29}{30}$ (6) $1\dfrac{5}{12}$

❷ (1) $1\dfrac{5}{8}$ 倍 (2) $\dfrac{1}{5}$ 倍

❸ (1) $\dfrac{3}{5}$ 倍 (2) $1\dfrac{2}{19}$ 倍 (3) $\dfrac{9}{10}$ 倍

❹ (1) $\dfrac{8}{15}$ 倍 (2) $3\dfrac{5}{9}$ 倍

解説

❶ 小数と分数が混じった計算は，ふつうは小数を分数に直して計算する。

(1) $\dfrac{8}{15}+\dfrac{3}{5}=\dfrac{8}{15}+\dfrac{9}{15}=\dfrac{17}{15}=1\dfrac{2}{15}$

(3) $3\dfrac{1}{2}-1\dfrac{1}{2}=2$

(5) $\dfrac{9}{10}-\dfrac{2}{15}+1\dfrac{1}{5}=\dfrac{27}{30}-\dfrac{4}{30}+1\dfrac{6}{30}=1\dfrac{29}{30}$

(6) $2\dfrac{3}{4}-1.5+\dfrac{1}{6}=2\dfrac{3}{4}-1\dfrac{1}{2}+\dfrac{1}{6}=2\dfrac{9}{12}-1\dfrac{6}{12}+\dfrac{2}{12}$

$=1\dfrac{5}{12}$

❷ (1) $13\div8=\dfrac{13}{8}=1\dfrac{5}{8}$(倍)

(2) $25\div125=\dfrac{25}{125}=\dfrac{1}{5}$(倍)

❸ (2) $420\div380=\dfrac{420}{380}=\dfrac{21}{19}=1\dfrac{2}{19}$(倍)

(3) $(6\times6)\div(5\times8)=\dfrac{36}{40}=\dfrac{9}{10}$(倍)

❹ (2) $(9+8+15)\div9=\dfrac{32}{9}=3\dfrac{5}{9}$(倍)

18 分数と小数 (2)
上級
レベル

☑解答

1 (1) $\dfrac{9}{20}$　(2) $\dfrac{11}{60}$　(3) $3\dfrac{7}{30}$　(4) $1\dfrac{1}{14}$

2 (1) $\dfrac{19}{24}$　(2) $\dfrac{19}{40}$

3 (1) $\dfrac{1}{5}$ 倍　(2) $\dfrac{7}{54}$ 倍　(3) $\dfrac{8}{11}$ 倍

　(4) $\dfrac{4}{5}$ 倍　(5) $\dfrac{7}{8}$ 倍

解説

1 (1) $2\dfrac{8}{15}-\left(2\dfrac{6}{12}-\dfrac{5}{12}\right)=2\dfrac{8}{15}-2\dfrac{1}{12}$

$=2\dfrac{32}{60}-2\dfrac{5}{60}=\dfrac{27}{60}=\dfrac{9}{20}$

(3) $1\dfrac{1}{2}+\left(3\dfrac{10}{30}-1\dfrac{18}{30}\right)=1\dfrac{15}{30}+1\dfrac{22}{30}=2\dfrac{37}{30}$

$=3\dfrac{7}{30}$

(4) $3\dfrac{1}{14}-\left(2\dfrac{1}{4}-\dfrac{1}{4}\right)=3\dfrac{1}{14}-2=1\dfrac{1}{14}$

2 (1) $1\dfrac{5}{12}-\boxed{}=\dfrac{7}{8}-\dfrac{2}{8}=\dfrac{5}{8}$　$\boxed{}=1\dfrac{5}{12}-\dfrac{5}{8}=\dfrac{19}{24}$

(2) $\dfrac{1}{8}+\dfrac{3}{4}-\boxed{}=\dfrac{2}{5}$　$\boxed{}=\dfrac{7}{8}-\dfrac{2}{5}=\dfrac{19}{40}$

3 (1) $(480-320)\div(480+320)=\dfrac{160}{800}=\dfrac{1}{5}$（倍）

(3) $(2400-800)\div(1600+600)=\dfrac{1600}{2200}=\dfrac{8}{11}$（倍）

(4) $(5\times12)\div(3\times25)=\dfrac{60}{75}=\dfrac{4}{5}$（倍）

(5) $(120\times6+80\times12)\div(120\times12+80\times6)$

$=\dfrac{7}{8}$（倍）

---

19 小数のかけ算
標準
レベル

☑解答

1 (1) 71.4　(2) 279.5

　(3) 32.24　(4) 163.84

2 (1) 18.72　(2) 64.99　(3) 8.704

　(4) 9.716　(5) 0.0726　(6) 2.2952

3 (1) $>$　(2) $<$

4 (1) 13.92 kg　(2) 213.3 cm²

　(3) 7.85 m　(4) 7.425 kg

解説

小数×小数 の計算では，小数点がないものとして計算して，最後に積に小数点を打つ。小数点は，かけられる数とかける数の小数点より右のけた数の和だけ，右から数えたところに打つ。

2 (1)
```
      7.8   ←2けた
    × 2.4
      3 1 2
    1 5 6
    1 8.7 2   ←右から2けた
```
(4)
```
      3.4 7   ←3けた
    ×   2.8
    2 7 7 6
    6 9 4
    9.7 1 6   ←右から3けた
```
(5)
```
      1.2 1      ←4けた
    × 0.0 6
    0.0 7 2 6   ←右から4けた
```

3 数に 1 より小さい数をかけると，もとの数より小さくなり，1 より大きい数をかけると，もとの数より大きくなる。

4 (1) $2.4\times5.8=13.92$（kg）

(2) たてが 15.8 cm だから，横は
$29.3-15.8=13.5$（cm）
よって，面積は，$15.8\times13.5=213.3$（cm²）

(3) ひも 7 本の長さは，$1.25\times7=8.75$（m），7 本つなぐので，つなぎ目は 6 か所できる。つなぎ目の長さは，$0.15\times6=0.9$（m）なので，$8.75-0.9=7.85$（m）

---

20 小数のかけ算
上級
レベル

☑解答

1 (1) 0.036　(2) 11.1561　(3) 3.925

　(4) 112.104　(5) 28.71　(6) 2.1675

2 (1) 0.6　(2) 19.84

3 (1) 25　(2) 145 円　(3) 86.7 m²

　(4) 39.483

解説

1 (2)
```
      1.2 3
    × 9.0 7
      8 6 1
  1 1 0 7
  1 1.1 5 6 1
```
(3)
```
      1 5.7
    × 0.2 5
      7 8 5
    3 1 4
    3.9 2 5
```
(4)
```
        3.2 4
    ×  3 4.6
      1 9 4 4
    1 2 9 6
    9 7 2
  1 1 2.1 0 4
```
(5) $2.5\times5.1+4.2\times3.8=12.75+15.96=28.71$

(6) $1.5\times1.7\times0.85=2.1675$

2 (1) $6.6\div\boxed{}=14.2-3.2=11$
$\boxed{}=6.6\div11=0.6$

(2) $\boxed{}\div3.2=12.5-6.3=6.2$
$\boxed{}=6.2\times3.2=19.84$

3 (1) $(\boxed{}+0.625)\div1.25=20.5$ となる。よって，
$\boxed{}=20.5\times1.25-0.625=25$

(2) たかえさんの代金は，$260\times3.5=910$（円）
ゆきえさんの代金は，$180\times4.25=765$（円）
よって，その差は，$910-765=145$（円）

(3) 横の長さは，$8.5\times1.2=10.2$（m）だから，面積は，
$8.5\times10.2=86.7$（m²）

(4) 最も大きな小数は 32.1，最も小さな小数は 1.23 である。$32.1\times1.23=39.483$

標準レベル 21 小数のわり算 (1)

☑解答

❶ (1) 60 (2) 40 (3) 18 (4) 60
(5) 75 (6) 25

❷ (1) 1.2 (2) 5.6 (3) 1.5 (4) 25
(5) 0.8 (6) 0.8 (7) 5 (8) 46 (9) 1.5

❸ (1) < (2) >

❹ (1) 340円 (2) 19 m (3) 26本 (4) 73.6

解説

小数でわる筆算の方法

① わる数の小数点を右に移して、整数に直す。
② わられる数の小数点をわる数の小数点と同じけた数だけ右に移す。
③ わる数が整数のときと同じように計算し、小数点は、わられる数の右に移した小数点にそろえて打つ。

❷ (4)
```
          25
  1,7,)4 2 5,
      3 4
        8 5
        8 5
          0
```
(5)
```
          0.8
  6,4,)5 1,2
      5 1 2
          0
```
(6)
```
          0.8
  4,7,)3 7,6
      3 7 6
          0
```
(8)
```
          46
  0,0 3,)1 3 8,
        1 2
          1 8
          1 8
            0
```
(9)
```
            1.5
  2,4 8,)3 7 2,0
        2 4 8
          1 2 4 0
          1 2 4 0
                0
```

❸ 数を1より小さい数でわると、もとの数より大きくなり、1より大きい数でわると、もとの数より小さくなる。

❹ (2) 64.6÷3.4=19(m) (3) 46.8÷1.8=26(本)
(4) ある数を□とすると、□×1.5=165.6 より、
□=165.6÷1.5=110.4 となる。よって、
正しい答えは、110.4÷1.5=73.6

上級レベル 22 小数のわり算 (1)

☑解答

❶ (1) 620 (2) 12 (3) 1.9 (4) 0.12
(5) 10.35 (6) 0.8 (7) 14.52 (8) 0.9

❷ (1) 0.77 (2) 21

❸ (1) 12.3 (2) 12.4 m (3) 6 m
(4) 510 まい

解説

❶ (4)
```
            0.12
  3 7,9,)4 5,4 8
        3 7 9
          7 5 8
          7 5 8
              0
```

(5) 8.1÷3×2.3÷0.6=2.7×2.3÷0.6
=6.21÷0.6=10.35
(7) 3.8×5.4−2.7÷0.45=20.52−6=14.52
(8) (6.3−4.2×0.9)÷2.8=(6.3−3.78)÷2.8
=2.52÷2.8=0.9

❷ (1) 2.37−□=0.8÷0.5=1.6
□=2.37−1.6=0.77
(2) 0.012÷0.06=0.2 より、□=4.2÷0.2=21

❸ (1) □×2.8−4.27=30.17 とする。
□×2.8=30.17+4.27=34.44
□=34.44÷2.8=12.3
(2) 1 mの重さは、3.9÷1.2=3.25(kg) だから、
40.3÷3.25=12.4(m)
(3) 長方形の面積は、24.5×8.4=205.8(m²)
たてを、24.5+9.8=34.3(m) にしたときの横の長さは、205.8÷34.3=6(m)
(4) 13.5 cm=135 mm と 30.6 cm=306 mm の最大公約数は、9 となるので、正方形の1辺は9 mmである。よって、(135÷9)×(306÷9)=510(まい)

標準レベル 23 小数のわり算 (2)

☑解答

❶ (1) 0.48 (2) 0.625 (3) 0.75 (4) 0.64

❷ (1) 0.8 (2) 13.6 (3) 6.3 (4) 4.0

❸ (1) 1 余り 2.6 (2) 31 余り 0.41

❹ (1) 3.5 m (2) 24.4 m
(3) 36 本できて、0.5 L 残る。
(4) 19 本できて、0.3 m 余る。
(5) 3.6 L

解説

❶ (4)
```
            0.64
  4,5,)2,8 8,0
        2 7 0
          1 8 0
          1 8 0
              0
```

❷ 小数第二位まで計算して小数第二位を四捨五入する。そのときに小数第一位もくり上がるときがあるが、小数第一位までのがい数であることを示すために0も書いておく。
(1) 5.4÷6.8=0.79…→ 0.8
(2) 9.5÷0.7=13.57…→ 13.6
(3) 5.7÷0.9=6.33…→ 6.3
(4) 12.7÷3.2=3.96…→ 4.0

❸ 余りの小数点は、もとの小数点の位置にそろえることに注意する。
(1)
```
            1
  4,6,)7,2
      4 6
      2 6
```
(2)
```
              31
  0,69,)2 1,8 0
        2 0 7
          1 1 0
            6 9
            0 4 1
```

❹ (1) 25.9÷7.4=3.5(m)
(2) 1 mのぼうの重さは、4.5÷1.2=3.75(kg) となる

ので，ぼうの長さは，91.5÷3.75=24.4(m)

(3) 25.7÷0.7=36 余り 0.5 より，36 本できて，0.5 L 残る。

(4) 13.6÷0.7=19 余り 0.3 より，19 本できて，余りは 0.3 m となる。

(5) 5.4÷1.5=3.6(L)

上級 レベル **24** 小数のわり算 (2)

☑解答

❶ (1) 2.08　(2) 13.2　(3) 12.6　(4) 69.12
❷ (1) 1.6　(2) 1.3　(3) 1.6　(4) 2.0
❸ (1) 8.84　(2) 2.3
❹ (1) 1.05 倍
　(2) 520 まい
　(3) 51 ふくろできて，1.1 kg 余る。
　(4) 0.91 kg

解説

❶ (2)
$$
\begin{array}{r}
13.2\\
1{,}275.\overline{)16{,}830.0}\\
1275\\
\hline
4080\\
3825\\
\hline
2550\\
2550\\
\hline
0
\end{array}
$$

❷ 上から 3 けた目まで計算して，上から 3 けた目を四捨五入する。
(2) 26÷19.8=1.31…→1.3
(4) 7.51÷3.8=1.97…→2.0
2.0 の 0 は，小数第二位を四捨五入した上から 2 けたのがい数であることを示すため，消さずにつけておく必要がある。

❸ (1) □=2.2×4+0.04=8.84

(2) □×1.7+0.09=4 だから，
□=(4-0.09)÷1.7=2.3

❹ (1) 長方形の面積は，2.3×5.6=12.88(m²)
正方形の面積は，3.5×3.5=12.25(m²) だから，
12.88÷12.25=1.051…より，上から 4 けた目を四捨五入して，1.05 倍

(2) 6.76 cm=67.6 mm は 13 mm の 67.6÷13=5.2 (倍) になっているので，紙のまい数は，
100×5.2=520(まい)

(3) 72.5÷1.4=51 余り 1.1 より，51 ふくろできて，余りは 1.1 kg

(4) 2.8-1.89=0.91(kg) が使ったしょうゆ 1.3 L の重さになる。よって，しょうゆ 1 L の重さは，
0.91÷1.3=0.7(kg)
これから，びんだけの重さは，
2.8-0.7×2.7=0.91(kg)

標準 レベル **25** 計算のくふう

☑解答

❶ (1) 27.6　(2) 83　(3) 248　(4) 13450
❷ (1)① 0.1　② 0.1　③ 48
　④ 0.48　⑤ 47.52
　(2)⑥ 1　⑦ 20　⑧ 174
　(3)⑨ 6.7　⑩ 10
❸ (1) 450　(2) 245　(3) 100　(4) 300
❹ (1) 200 円　(2)ア 2，イ 10　(3) 3

解説

❶ 計算の順番を変えるとかん単になる。
(1) 4.6×(4×1.5)=4.6×6=27.6
(2) 8.3×(2.5×4)=8.3×10=83
(3) (2.5×8)×12.4=20×12.4=248
(4) (2500×0.04)×134.5=100×134.5=13450

❷ (1) 9.9=10-0.1 として，計算のきまりから，
(10-0.1)×4.8=10×4.8-0.1×4.8
=48-0.48=47.52

(2) 8.7=8.7×1 として，計算のきまりから，
8.7×19+8.7×1=8.7×(19+1)=8.7×20=174

(3)計算のきまりから，
(6.7+3.3)×8.9=10×8.9=89

❸ ○×□+△×□=(○+△)×□ を使う。
(1) (27+73)×4.5=100×4.5=450
(2) 2.45×(123-23)=2.45×100=245
(3) (17.26+22.74)÷0.4=40÷0.4=100
(4) (92.5-77.5)÷0.05=15÷0.05=300

❹ (1)どちらも 2.5 m 買ったことから，
260×2.5-180×2.5=(260-180)×2.5
=80×2.5=200(円)

(2) $\dfrac{3}{5}=\dfrac{6}{10}=\dfrac{\overset{\substack{10\text{の約数}\\\downarrow\ \ \downarrow}}{5+1}}{10}=\dfrac{5}{10}+\dfrac{1}{10}=\dfrac{1}{2}+\dfrac{1}{10}$

(3) 3-2=1 なので，$\dfrac{1}{2×3}=\dfrac{3-2}{2×3}=\dfrac{3}{6}-\dfrac{2}{6}=\dfrac{1}{2}-\dfrac{1}{3}$

上級 レベル **26** 計算のくふう

☑解答

❶ (1) $\dfrac{9}{20}$　(2) 6　(3) 25　(4) 297
　(5) 314　(6) 1
❷ (1) 520　(2) $\dfrac{3}{40}$
❸ (1) 7.2　(2) 41.3

解説

❶ (1)通分しやすいものどうしを計算してみる。

$\frac{1}{2}+\frac{1}{3}+\frac{1}{4}+\frac{1}{5}+\frac{1}{6}-1$

$=\left(\frac{1}{2}+\frac{1}{3}+\frac{1}{6}\right)+\left(\frac{1}{4}+\frac{1}{5}\right)-1=1+\frac{9}{20}-1=\frac{9}{20}$

(2) $3×(0.41+0.13)+(0.87+0.59)×3$
$=(0.41+0.59+0.13+0.87)×3=(1+1)×3=6$

(3) $5×17.25-5×12.25=5×(17.25-12.25)$
$=5×5=25$

(4) $6×6×2.97×5-4×4×2.97×5$
$=(6×6-4×4)×5×2.97=100×2.97=297$

(5) $3.14×50+3.14×11+3.14×39$
$=3.14×(50+11+39)$
$=3.14×100=314$

(6) $10.4÷3.14+47.3÷3.14-54.56÷3.14$
$=(10.4+47.3-54.56)÷3.14=3.14÷3.14=1$

2 (1) $26×14.4$ を $2.6×144$ と直してみる。
$2.6×56+2.6×144=2.6×(56+144)$
$=2.6×200=520$

(2) $\frac{1}{5×6}=\frac{1}{5}-\frac{1}{6}$, $\frac{1}{6×7}=\frac{1}{6}-\frac{1}{7}$, $\frac{1}{7×8}=\frac{1}{7}-\frac{1}{8}$
なので、
$\frac{1}{5×6}+\frac{1}{6×7}+\frac{1}{7×8}=\frac{1}{5}-\frac{1}{6}+\frac{1}{6}-\frac{1}{7}+\frac{1}{7}-\frac{1}{8}$ と表せる。これから、
$\frac{1}{5}-\frac{1}{6}+\frac{1}{6}-\frac{1}{7}+\frac{1}{7}-\frac{1}{8}=\frac{1}{5}-\frac{1}{8}=\frac{8}{40}-\frac{5}{40}$
$=\frac{3}{40}$

3 計算の約束をきちんと守って計算しよう。
(1) $0.64◎4=0.64×4+0.64+4=2.56+0.64+4$
$=7.2$
(2) まず、$2◎1.35$ の部分を計算する。
$2◎1.35=2×1.35+2+1.35=6.05$
次に、$6.05◎5$ を計算することになる。
$6.05◎5=6.05×5+6.05+5=41.3$

27 最上級レベル 3

解答

1 (1) $8\frac{61}{70}$ (2) $\frac{5}{8}$ (3) 40.96

(4) 110 (5) 388

2 (1) $82, 83$ (2) 12 (3) 2 (4) $\frac{1}{3}$

解説

1 (1) $9-\left(4\frac{15}{35}-2\frac{21}{35}\right)+1\frac{7}{10}=9-1\frac{29}{35}+1\frac{7}{10}$

$=8\frac{61}{70}$

(2) $\frac{1}{2}-\frac{3}{8}+\frac{5}{8}-\frac{1}{8}=\frac{4}{8}-\frac{3}{8}+\frac{5}{8}-\frac{1}{8}=\frac{5}{8}$

(4) $(2.35×8+2.65×8)$ と $(2.35×5+11.65×5)$ に分けて、それぞれで計算のきまりを使って計算する。
$(2.35+2.65)×8+(2.35+11.65)×5$
$=5×8+14×5=40+70=110$

(5) $(291×1.7)-(67.9×4)+(19.4×8.5)$
$=(97×3×1.7)-(97×0.7×4)+(97×0.2×8.5)$
$=97×(5.1-2.8+1.7)$
$=97×4=388$

2 (1) $A÷18$ は、4.55 以上、4.65 未満の数だから、Aは $18×4.55=81.9$ 以上、$18×4.65=83.7$ 未満となる。このはん囲にある整数は、82 と 83 の 2 つである。

(2) $\frac{1}{□}+\frac{1}{4}=\frac{1}{3}$ となるので、$\frac{1}{□}=\frac{1}{3}-\frac{1}{4}=\frac{1}{12}$
よって、$□=12$

(3) $5÷0.3=16.6…$より、$[5÷0.3]=16$
$21×0.3=6.3$ より、$[21×0.3]=6$
$16÷6=2.6…$だから、$[16÷6]=2$

(4) $\frac{1}{6}+\frac{1}{12}+\frac{1}{20}+\frac{1}{30}=\frac{1}{2×3}+\frac{1}{3×4}+\frac{1}{4×5}+\frac{1}{5×6}$

$=\frac{1}{2}-\frac{1}{3}+\frac{1}{3}-\frac{1}{4}+\frac{1}{4}-\frac{1}{5}+\frac{1}{5}-\frac{1}{6}=\frac{1}{2}-\frac{1}{6}=\frac{1}{3}$

28 最上級レベル 4

解答

1 (1) $\frac{5}{8}$ (2) $1\frac{3}{10}$ (3) 87.5

(4) 314 (5) $0.35\left(\frac{7}{20}\right)$

2 (1) 6.5 以上 6.7 未満
(2) ア 4、イ 7、ウ 28

3 (1) 4096 (2) 5

解説

1 (1) $\left(\frac{5}{8}+1\frac{1}{6}\right)-\left(2\frac{3}{6}-1\frac{2}{6}\right)=\frac{5}{8}+1\frac{1}{6}-1\frac{1}{6}=\frac{5}{8}$

(2) $\frac{1}{4}-1\frac{1}{5}+\frac{3}{8}+1\frac{7}{8}=\frac{10}{40}-1\frac{8}{40}+\frac{15}{40}+1\frac{35}{40}$

$=1\frac{3}{10}$

(4) $6.28=2×3.14$, $9.42=3×3.14$ に気がつくと、大変かん単になる。
$26×3.14+19×2×3.14+12×3×3.14$
$=(26+38+36)×3.14=100×3.14=314$

(5) $\frac{1}{2×3}+\frac{1}{3×4}+\frac{1}{4×5}+0.425-\frac{3}{8}$

$=\frac{1}{2}-\frac{1}{3}+\frac{1}{3}-\frac{1}{4}+\frac{1}{4}-\frac{1}{5}+0.425-0.375$

$=0.3+0.425-0.375=0.35$

2 (1) Aは 3.65 以上 3.75 未満の数である。また、Bは 2.85 以上 2.95 未満の数である。このことから、A+Bのはん囲は、$(3.65+2.85)$ 以上、$(3.75+2.95)$ 未満の数となる。よって、6.5 以上 6.7 未満。

(2) $\dfrac{3}{7}=\dfrac{12}{28}=\dfrac{7+4+1}{28}=\dfrac{7}{28}+\dfrac{4}{28}+\dfrac{1}{28}=\dfrac{1}{4}+\dfrac{1}{7}+\dfrac{1}{28}$

$\overset{28の約数}{\underset{\downarrow\ \downarrow\ \downarrow}{}}$

よって，アは 4，イは 7，ウは 28 となり，これらはいずれも 30 以下の整数である。

3 例から A△B は A を B 回かけることを意味している。また，A◎B は A を何回かけたら B になるかを意味している。

(1) $8△4=8×8×8×8=4096$

(2) $4×4=16$，$4×4×4=64$，$4×4×4×4=256$，$4×4×4×4×4=1024$ より，$4◎1024=5$

☑解答

1 (1) 284.5 g　(2) 2.4 人　(3) 79 点
　(4) 142.8 cm

2 (1) 468 ページ　(2) 24 人

3 (1) A 約 58 cm　B 約 61 cm
　(2) 約 365.4 m　(3) 約 140.3 m

解説

1 いくつかの数や量をならして等しくしたときの大きさを，それらの平均という。平均は，次の式で求める。

平均＝合計÷個数

(1) 6 個の合計は，$275+295+263+258+302+314=1707$(g) だから，平均は，
$1707÷6=284.5$(g)

(2) 5 日間の合計は，$3+3+4+0+2=12$(人) だから，平均は，$12÷5=2.4$(人)

(3) 4 教科の合計は，$78+92+82+64=316$(点) だから，平均は，$316÷4=79$(点)

(4) 5 人の合計は，$139.2+143.1+153.4+137.6+$

$140.7=714$(cm) だから，平均は，
$714÷5=142.8$(cm)

2 平均＝合計÷個数 より，**合計＝平均×個数** となる。

(1) $39×12=468$(ページ)

(2) $4.8×5=24$(人)

3 (1) A の 10 歩の長さの 5 回分の合計は，
$5.75+5.80+5.96+5.87+5.79=29.17$(m) だから，平均は，$29.17÷5=5.834$(m)→583.4 cm となる。これは，10 歩分だから，A の 1 歩の平均は，
$583.4÷10=58.34$(cm)→約 58 cm
B の 10 歩の長さの 5 回分の合計は，
$5.96+6.12+6.21+5.91+6.17=30.37$(m) だから，平均は，$30.37÷5=6.074$(m)→607.4 cm となる。よって，B の 1 歩の平均は，
$607.4÷10=60.74$(cm)→約 61 cm

$(2)(1)$より A の歩はばを約 58 cm として，
$58×630=36540$(cm)→365.4 m

$(3)(1)$より，B の歩はばを約 61 cm として，
$61×230=14030$(cm)→140.3 m

☑解答

1 900 円

2 (1) 85 点　(2) 97 点

3 (1) 144 cm　(2) 147 cm

4 (1) 81 点　(2) 37 kg　(3) 62 点
　(4) 75 点　(5) 61 点以上

解説

平均の問題では，ただ平均を求めるだけの問題よりも，**合計＝平均×個数** を使う問題が多くみられる。

1 3 人の合計金額は，$980×3=2940$(円)

よって，りえさんの所持金は，
$2940-(1100+940)=900$(円)

2 (1) 3 教科の合計は，$92+78+85=255$(点) だから，平均は $255÷3=85$(点)

(2) 3 教科の合計は 255 点で，4 教科の合計は，$88×4=352$(点) だから，算数の点数は，
$352-255=97$(点)

3 (1) 5 人の身長の合計は，$141×5=705$(cm)，また，C，D，E の 3 人の身長の合計は，$139×3=417$(cm) だから，A と B の合計は，$705-417=288$(cm) となる。よって，A と B の平均は，$288÷2=144$(cm)

(2) A と B の和が 288 cm，差が 6 cm だから，A の身長は，$(288+6)÷2=147$(cm)

4 (1) 5 回分の合計は，$80×5=400$(点) である。3 回目をのぞく 4 回分の合計は，
$73+90+81+75=319$(点)
だから，3 回目の点数は，$400-319=81$(点)

(2) 4 人の体重の合計は，$45×4=180$(kg) である。E を加えた 5 人の体重の合計は，$43.4×5=217$(kg) だから，E の体重は，$217-180=37$(kg)

(3) 男子の合計は，$65×18=1170$(点) である。また，30 人の合計は，$63.8×30=1914$(点) である。よって，女子の合計は，$1914-1170=744$(点) となる。女子の人数は，$30-18=12$(人) だから，女子の平均点は，$744÷12=62$(点)

(4) 4 人の合計は，$76×4=304$(点)，B，C，D の 3 人の合計は，$73×3=219$(点) となる。これから，A の得点は，$304-219=85$(点) とわかる。また，A と B の合計は，$80×2=160$(点) だから，B の得点は，$160-85=75$(点)

(5) 3 科目の合計は，$73×3=219$(点) である。4 科目の合計が，$70×4=280$(点) 以上になればいいので，算数は，$280-219=61$(点) 以上とればよいことになる。

標準レベル 31 平均とその利用 (2)

☑解答

❶ (1) 151.2 cm　(2) 6.9 点　(3) 62 点
　(4) 70 点　(5) 7 人

❷ (1) 40.94 kg　(2) 5 回　(3) 25 日
　(4) 36 分

解説

❶ (2) クラス全体の合計は，6.5×(20+16)=234 (点)，
女子だけの合計は，6×16=96 (点) だから，
男子だけの合計は，234−96=138 (点) となる。よって，男子だけの平均点は，138÷20=6.9 (点)

(3) 3 回の合計は，70×3=210 (点) だから，2 回目と 3 回目の合計は，210−80=130 (点) となる。また，その差が 6 点だから，3 回目の点数は，
(130−6)÷2=62 (点)

(4) A+B=68×2=136 (点)，
　B+C=69×2=138 (点)，
　C+A=73×2=146 (点) となるので，これらを全部合わせると，2×(A+B+C)=420 (点) だから，A+B+C=210 (点) である。よって，3 人の平均点は，210÷3=70 (点)

(5) 全部で 6×14=84 の仕事の量があるとする。これを 12 日で終えるには，84÷12=7 (人) が必要である。

❷ (2) 平均の問題で，式だけでは求めにくいときは，面積図を利用する方法を使うと便利である。今までのテストの回数を○回として，今までのテストと次のテストの 2 つに分けて面積図をかくと，右のようになる。
長方形の面積が合計点を表している。アの長方形とイの長方形の面積が等しいことに注目すると，

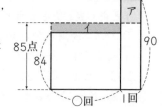

アの面積は，(90−85)×1=5 (点) だから，イの長方形で，1×○=5 (点) となる。よって，○=5

(3) 10×45=450 の仕事の量があるとする。この仕事を 18 人で毎日すると，450÷18=25 (日) かかることになる。

(4) ボート 1 そうに乗る時間は 1 人分が 60 分で 3 人乗りだから，全部で，60×3=180 (分) ある。2 そうでは，180×2=360 (分) ということになるので，1 人あたりの時間は，360÷10=36 (分) となる。

上級レベル 32 平均とその利用 (2)

☑解答

❶ (1) 79 点
　(2) ① 18 点　② 76.5 点　(3) 69 点
❷ (1) ① 86 点　② 93 点　(2) 80 点
　(3) 171 cm　(4) 21 人

解説

❶ (1) 4 つの教科の合計点は，72×4=288 (点) で，4 つの関係を線分図で表すと次のようになる。

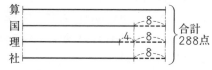

これから，288+8+12+8=316 (点) が算数の点数 4 つ分になるので，316÷4=79 (点)

(2) ① 算+国+社=75×3=225 (点)，
　　国+社+理=69×3=207 (点) となり
これから，算−理=225−207=18 (点)
② 算+理=77×2=154 (点) と①から，算数は (154+18)÷2=86 (点) とわかる。すると，
国+社=225−86=139 (点) で，差が 5 点だから，国語は (139−5)÷2=67 (点) となる。よって，算・国の平均点は (86+67)÷2=76.5 (点)

❷ (1) ① 5 回分のテストの合計は，89×5=445 (点)
1 回目から 3 回目までの合計は，88×3=264 (点)
3 回目から 5 回目までの合計は，89×3=267 (点)
よって，3 回目の得点は，(264+267)−445=86 (点)
② 1 回目の得点は，264−(100+86)=78 (点) となる。よって，4 回目は，68 点か 88 点が考えられる。68 点のとき，5 回目は，267−(86+68)=113 (点) となり合わない。よって，4 回目は 88 点となり，5 回目は 267−(86+88)=93 (点) となる。

(2) 面積図を利用する。
A，B，C の 3 人と D の 2 つに分けて面積図をかくと，右のようになる。アの長方形とイの長方形の面積が等しくなる。アの面積は，1×9=9 (点) だから，イの長方形で，3×たて=9 (点) から，たては 3 となる。よって，D の得点は，68+3+9=80 (点) となる。

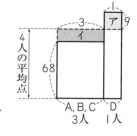

(3) 3 人の合計は，168×3=504 (cm) で，3 人の関係を線分図で表すと，右のようになる。

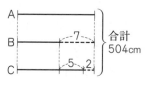

これから，504+7+2=513 が A の 3 つ分になるので，513÷3=171 (cm)

(4) 面積図を利用する。右の図で，アとイの長方形の面積が等しくなるから，1.9×○=2.1×19 より，○=21

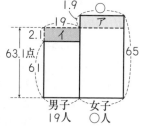

解答

❶ (1) 0.225人　(2) 4.6 m²　(3) 西小学校
❷ (1) 300人　(2) B市
❸ (1) B　(2) たろう君の家の畑　(3) サインペン
　　(4) 14 m　(5) 1856 g

解説

❶ (1) 810÷3600=0.225(人)
(2) 2300÷500=4.6(m²)
(3) 1人あたりの運動場の面積で比べると，東小学校は，3600÷810=4.4…(m²) だから，(2)の答えより，西小学校のほうがゆったりしている。

❷ (1) 1km²あたりの人口を，**人口密度**という。人口密度=人口÷面積　で求める。人口密度が大きいほど混み合っているといえる。
48000÷160=300(人)
(2) B市の人口密度は，34000÷100=340(人) だから，B市のほうが混み合っている。

❸ (1) Aは，1Lあたり，492÷40=12.3(km)，Bは675÷50=13.5(km) 走る。よって，Bの方が同じ道のりを走った場合，ガソリンを使う量が少ない。
(2) 1m²あたりでとれる量で比べる。たろう君の家では 115÷80=1.4375(kg)，花子さんの家では，94÷70=1.34…(kg) となるので，たろう君の家の畑のほうがよくとれたといえる。
(3) 1本あたりのねだんは，
サインペンは，180÷3=60(円)
ボールペンは 450÷5=90(円) である。
(4) 1mのねだんは，270÷6=45(円) だから，630÷45=14(m) 買える。
(5) 1mの重さは，174÷3=58(g) だから，58×32=1856(g)

解答

❶ (1) 4.5 m²　(2) B小学校
❷ (1) 900人　(2) 142500人　(3) C市
❸ (1) 25.6 L　(2) Bのほうが10円安い。
　　(3) Bセット　(4) 240円　(5) 3.6 L

解説

❶ (1) 5580÷1240=4.5(m²)
(2) 1人あたりの運動場の面積で比べると，Bは，4800÷960=5(m²)，Cは，3280÷820=4(m²) となるので，Bがいちばんゆったりしている。

❷ (1) 人口密度=人口÷面積 より，
630000÷700=900(人)
(2) C市の人口密度は，380000÷400=950(人) だから，950×150=142500(人) といえる。
(3) B市の人口密度は，420000÷600=700(人) だから，C市となる。

❸ (1) 1Lあたり，250÷10=25(km) 走るので，640÷25=25.6(L) 使う。
(2) 1mあたりのねだんは，Aは，475÷2.5=190(円)，Bは，810÷4.5=180(円) だから，Bのほうが10円安くなっている。
(3) 1本あたりのねだんで比べる。
Aセットは，175÷5=35(円)
Bセットは，400÷12=33.3…(円)
Cセットは，820÷24=34.1…(円) となるので，Bセットがいちばん安くなっている。
(4) 送料をのぞいた米のねだんは，Aの米は，5kgで2800円，Bの米は，8kgで6400円となる。よって，1kgあたりの差は，
(6400÷8)−(2800÷5)=800−560=240(円)
(5) 31.5÷8.75=3.6(L)

解答

❶ (1)① 3　② $\frac{5}{3}$　③ $\frac{1}{3}$
　(2)① $\frac{3}{4}$　② $\frac{3}{2}$　③ 6
❷ (1) $\frac{2}{5}$　(2) $\frac{3}{5}$　(3) $\frac{3}{2}$　(4) $\frac{2}{3}$
❸ (1)① 9%　② 46%
　　③ 0.06　④ 0.18
　(2)① 1割2分　② 3割6分4厘
　　③ 0.24　④ 0.135
　(3)① 2割3分8厘　② 37.9%

解説

❶ もとにする量を1として，比べる量がどれだけにあたるか(何倍になっているか)を表す数を**割合**という。
割合=比べる量÷もとにする量 で求める。
(1)① 18÷6=3　② 10÷6=$\frac{5}{3}$
(2)① 300÷400=$\frac{3}{4}$　③ 2400÷400=6

❷ (1) 56÷140=$\frac{2}{5}$　(4) 56÷84=$\frac{2}{3}$

❸ (1) 割合を表す 0.01 を 1% と書く表し方を**百分率**という。
① 0.01 が 1% だから，0.09=9%
② 0.1 は 10% になる。0.46=46%
(2) 割合を表す 0.1 を 1割，0.01 を 1分，0.001 を 1厘と書く表し方を**歩合**という。
② 0.364=3割6分4厘
④ 1割は 0.1，3分は 0.03，5厘は 0.005 だから，1割3分5厘=0.135
(3)① 23.8% を小数で表すと 0.238 になる。

上級 レベル 36 割 合 (1)

☑解答

1 (1) 7 割 (2) 85 % (3) $\frac{2}{3}$ (4) D

2 62.5 %

3 ① 0.624 ② 0.016 ③ 5.3
④ 125.4

4 (1) 42 %
(2) 5 割 6 分
(3)① 84 % ② 1 割 2 分

解説

1 (1) 21÷30=0.7=7 割
(2) 17÷20=0.85=85 %
(3) 10÷15=$\frac{10}{15}$=$\frac{2}{3}$
(4) C がゴールした割合は 0.66…, D がゴールした割合は 22÷25=0.88 だから, D が最も成績がよかったことになる。

2 容器の容積は, 16×25×12=4800(cm³) より 48 dL だから, 30÷48=0.625=62.5 %

3 ① 62.4 %=0.624
② 1.6 %=0.016
④ 1=100 % になる。1.254=125.4 %

4 (1)もとにする量は 90, 比べる量が 37.8 である。
37.8÷90=0.42=42 %
(2) 672÷1200=0.56=5 割 6 分
(3)①もとにする量が 25, 比べる量が 21 である。
21÷25=0.84=84 %
②もとにする量は 25, 比べる量が 3 である。
3÷25=0.12=1 割 2 分

標準 レベル 37 割 合 (2)

☑解答

1 (1) 5.6 (2) 204 (3) 35 (4) 62.4 (5) 54

2 (1) 18 才 (2) 9 人 (3) 960 円

3 (1) 180 (2) 1.08 (3) 4375
(4) 91 (5) 144

4 (1) 3750 円 (2) 180 cm² (3) 51750 人

解説

1 比べる量=もとにする量×割合 で求める。
(1) 16 %=0.16, 35×0.16=5.6
(2) 68 %=0.68, 300×0.68=204(L)
(3) 5 %=0.05, 700×0.05=35(円)
(4) 130 %=1.3, 48×1.3=62.4(kg)
(5) 15 %=0.15, 360×0.15=54(度)

2 (1) 45×0.4=18(才)
(2) 150×0.06=9(人)
(3) 1200 円の 20 % は, 1200×0.2=240(円)
よって, 1200−240=960(円)

3 (1) 7 割 5 分=0.75, 240×0.75=180
(2) 1 割 2 分=0.12, 9×0.12=1.08(L)
(3) 35 kg=3500 g, 1 割 2 分 5 厘=0.125,
35000×0.125=4375(g)
(4) 4 時間 20 分=260 分, 260×0.35=91(分)
(5) 40 %=0.4, 360×0.4=144(度)

4 (1) 15000×0.25=3750(円)
(2)たて+横=54÷2=27(cm)
横の長さを 1 とすると, たての長さは 8 割=0.8
よって, 横の長さは 27÷(1+0.8)=15(cm),
たての長さは 15×0.8=12(cm) となる。
求める面積は, 12×15=180(cm²)
(3)増加した人数は, 50000×0.035=1750(人)
よって今年の人口は, 50000+1750=51750(人)

上級 レベル 38 割 合 (2)

☑解答

1 (1) 672 人 (2) 12500 さつ
(3) 11 時間 31 分 12 秒
(4) 108 cm (5) 39 g

2 (1) 121 cm² (2) 5200 円 (3) 660 円
(4) 224 ページ (5) 189 cm

解説

1 (1)欠席者は 700×0.04=28(人) だから,
700−28=672(人)
(3) 48×0.24=11.52(時間)
0.52 時間=(0.52×60)分=31.2 分
0.2 分=(0.2×60)秒=12 秒
(4)右の図より, 1 回目にはねあがる高さは,
300×0.6=180(cm) である。2 回目は 180 cm の高さから落ちることになるので,
180×0.6=108(cm)
となる。

(5)食塩の量=食塩水の重さ×濃さ で求める。
6 % の食塩水には, 200×0.06=12(g), 9 % の食塩水には, 300×0.09=27(g) の食塩がとけている。
よって, 12+27=39(g)

2 (1) 1 辺の長さは, 10×(1+0.1)=11(cm) になる。
よって, 11×11=121(cm²)
(2)定価=仕入れね×(1+利益率),
売ったねだん=定価×(1−割引率) で求める。
定価は, 5000×(1+0.3)=6500(円) だから, 売ったねだんは 6500×(1−0.2)=5200(円)
(3)筆箱のねだんは, 1000 円の 1−0.34=0.66 にあたる。よって, 1000×0.66=660(円)

(4)残りのページ数は,
350×(1−0.2−0.16)=224(ページ)
(5)450×(1−0.3)×(1−0.4)
=450×0.7×0.6=189(cm)

なるので,じょう発させる水の量は,
(575+50)−500=125(g)
(2)ぼうの長さの6割が120cmになるので
120÷0.6=200(cm)
(3)女子の人数が全体の4割だから,男子の人数は,全体の6割になる。これが24人にあたるので,全体の人数は,24÷0.6=40(人)

(2)2日目に売った個数は,560÷1.12=500(個)である。500÷400=1.25だから,25%多いことになる。
(3)貯金した残りの7割が残ったお金になる。貯金後の金額は7875÷0.7=11250(円)なので,はじめに持っていた金額は,11250+3750=15000(円)
(4)2割増えた雪の深さは,100×(1+0.2)=120(cm)これがぼうの4割にあたるから,ぼうの長さは,120÷0.4=300(cm)
(5)800円で仕入れて,40円損したので,売ったねだんは760円である。これが定価の2割引きにあたるから,定価は,760÷(1−0.2)=950(円)

標準レベル 39 割 合 (3)

☑解答
❶ (1)200　(2)300　(3)500
　(4)130　(5)125
❷ (1)60kg　(2)1500cm³
　(3)1200円
❸ (1)3000　(2)800　(3)750
　(4)3000　(5)2000
❹ (1)125g　(2)200cm　(3)40人

解説
❶ もとにする量=比べる量÷割合 で求める。
(1)28÷0.14=200　(2)186÷0.62=300(人)
(3)650÷1.3=500(円)　(4)2.6÷0.02=130(kg)
(5)食塩水の量=食塩の重さ÷濃さ で求める。
よって,10÷0.08=125(g)
❷ (1)36÷0.6=60(kg)
(2)300÷0.2=1500(cm³)
(3)750÷(1−0.375)=1200(円)
❸ (1)1125÷0.375=3000(円)
(2)520÷0.65=800(人)
(3)924÷(1+0.232)=750(m)
(4)2250÷(1−0.25)=3000(円)
(5)2300÷1.15=2000(円)
❹ (1)水をじょう発させても食塩の量は変わらないので,10%の食塩水にとけている食塩も50gである。よって,10%の食塩水の重さは,50÷0.1=500(g)と

上級レベル 40 割 合 (3)

☑解答
❶ (1)24cm　(2)960円
　(3)50L　(4)1.5m　(5)324人
❷ (1)320g　(2)25　(3)15000円
　(4)300cm　(5)950円

解説
❶ (1)ばねの長さが,もとの1.25倍になったということである。よって,30÷1.25=24(cm)
(2)360÷(1−0.625)=960(円)
(3)半分は50%だから,74−50=24(%)が12Lにあたる。よって,12÷0.24=50(L)
(4)落とした高さの60%が90cmになる。よって,90÷0.6=150(cm)→1.5m
(5)残った男子の人数と女子の人数が同じだから,右の図より,残った男子の人数は,はじめに校庭にいた女子の75%と同じである。よって,609−42=567(人)が,0.25+0.75×2=1.75にあたるので,はじめに校庭にいた女子の人数は,567÷1.75=324(人)

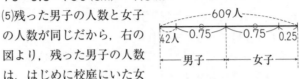

❷ (1)400gの36%は,400×0.36=144(g)だから,144÷0.45=320(g)

標準レベル 41 割 合 (4)

☑解答
❶ (1)500m　(2)2500g　(3)1400円
　(4)6割　(5)3000
❷ (1)261人　(2)54人　(3)40.54L
　(4)432cm²　(5)8割

解説
❶ (1)250mの120%は,250×1.2=300(m)だから,300÷0.6=500(m)
(2)14kgの2割5分は,14×0.25=3.5(kg)だから,3500÷(1+0.4)=2500(g)
(3)2400円の3割5分は,2400×0.35=840(円)だから,840÷0.6=1400(円)
(4)使ったひもは全体の0.375だから,残りのひもは,全体の1−0.375=0.625である。使ったひも0.375を比べる量,残りの0.625をもとにする量と考える。使ったひもは残りのひもの
0.375÷0.625=0.6=6割

(5) 3200 の 15 % は, 3200×0.15=480 だから, ある数は, 480÷0.16=3000

❷ (1) 580×(1−0.55)=580×0.45=261(人)

(2) 虫歯のちりょうが終わっていない人は 4 割で, 36 人だから, 虫歯の人は, 36÷0.4=90(人) である。よって, 虫歯のちりょうが終わった人は, 90−36=54(人)

(3) 40×(1+0.0135)=40×1.0135=40.54(L)

(4) 短くなったまわりの長さは, 84−68=16(cm) である。これは, たて 2 つ分だから, 1 つのたての長さは, 8 cm 短くなったことになる。これが, もとの $\frac{1}{3}$ の長さだから, もとのたての長さは 24 cm になる。横の長さは, 84÷2−24=18(cm) である。よって, もとの長方形の面積は, 24×18=432(cm²)

(5) 定価は, 1000×(1+0.25)=1250(円) だから, 仕入れねは, 定価の 1000÷1250=0.8=8 割である。

上級レベル 42 割 合 (4)

☑解答

❶ (1) 48 %　(2) 500 人
(3) 1872　(4) 375 円　(5) 200 g

❷ (1) 4800 m²　(2) 400 円
(3) 2000 円　(4) 100 g
(5) 2500 円

解説

❶ (1) 400 円の 6 割は, 400×0.6=240(円) だから, 240÷500=0.48=48 % と同じになる。

(2) 800 人の 2 割 5 分は, 800×0.25=200(人) だから, 200÷0.4=500(人) の 40 % と同じである。

(3) 156 の 3 割は, 156×0.3=46.8 だから, 46.8÷0.025=1872

(4) 300 円の 25 % は, 300×0.25=75(円) だから, 300+75=375(円) で売ればいいことになる。

(5) 食塩水と水を混ぜるようすを図で表すと次のようになる。食塩の量に注目して考える。水に食塩は入っていないので, 15 % の食塩水と 9 % の食塩水にとけている食塩の重さは変わらない。

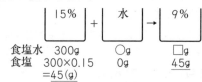

食塩水　300g　〇g　□g
食塩　300×0.15　0g　45g
　　　=45(g)

15 % の食塩水 300 g には, 300×0.15=45(g) の食塩がとけている。9 % の食塩水には食塩が 45 g とけているから, 9 % の食塩水の重さは, 45÷0.09=500(g) となる。よって, 500−300=200(g) の水を加えればいいことになる。

❷ (1) 昨日までにペンキがぬられた面積は, 300÷0.12=2500(m²) になる。また, 残っている部分の面積は, 300÷0.15=2000(m²) となる。よって, 全体の面積は, 昨日までと今日と残りを合わせて, 2500+300+2000=4800(m²)

(2) 割合の関係を図で表すと次のようになる。

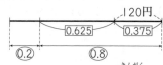

120 円は, ノートを買った残りの金額の, 1−0.625=0.375 にあたるので, ノートを買った残りの金額は, 120÷0.375=320(円) である。これが, 持っていたお金の 80 % にあたるので, 持っていたお金は, 320÷0.8=400(円)

(3)

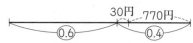

上の線分図より, 770+30=800(円) が, 持っていたお金の 4 割にあたることがわかる。よって, 持っていたお金は, 800÷0.4=2000(円)

(4) 12 % の食塩水 300 g には, 300×0.12=36(g) の食塩がとけている。この食塩の重さが 18 % にあたるので, 食塩水の重さは, 36÷0.18=200(g) もともと 300 g であるから, じょう発させた水の量は, 300−200=100(g)

(5) 定価を ① とすると, 15 % 引きは 0.85 になり, これが 2550 円だから, 2550÷0.85=3000(円) が定価になる。これは, 仕入れねの 2 割増しになっているので, 仕入れねは, 3000÷(1+0.2)=2500(円) になる。

標準レベル 43 割合のグラフ

☑解答

❶ 30 %

❷ (1) 30 %　(2) 37500 円

❸ (1) 200 人　(2) 16 人

❹ (1) $\frac{7}{3}$ 倍　(2) 7 時間 12 分

❺ (1) 180 人　(2) 15 %　(3) 86°

解説

❶ 自転車の部分の中心の角度は, 360°−(208°+44°)=108° である。円全体は 360° だから, 108÷360=0.3=30 %

❷ (1) 1 目もり 10 % だから, 30 % である。
(2) 光熱費は住居費の半分であるから, 75000÷2=37500(円)

❸ (1) その他は 100−(15+8+12)=65(%) だから, 5 年生の人数は, 130÷0.65=200(人)
(2) 200×0.08=16(人)

❹ (1) グラフから, すいみん時間は全体の 35 %, 遊びの時間は 15 % だから, 35÷15=$\frac{7}{3}$(倍)

(2)学校にいた時間は，1日=24時間の30％だから，

24×0.3=7.2（時間）

0.2時間=(0.2×60)分=12分

よって，7時間12分。

⑤ (1)90°が45人にあたる。90°は360°の $\frac{1}{4}$ だから，

全体の人数は 45×4=180（人）

(2)54÷360=0.15 より，54°は360°の15％

(3)数学は，全体の 43÷180=$\frac{43}{180}$=$\frac{86}{360}$ である。

よって，数学の部分の中心の角度は86°になる。

☑解答

① (1)168人 (2)75° (3)10 cm

② (1)325人 (2)72°

③ (1)54° (2)20万円

④ (1)120人 (2)27人

解説

① (1)120°は全体の $\frac{1}{3}$ にあたる。これが56人だから，

全体の人数は，56×3=168（人）

(2)(1)より，自転車通学の割合は，全体の

35÷168=$\frac{5}{24}$=$\frac{75}{360}$ である。よって，角度は75°

になる。

(3)バス通学の部分の中心の角度は，

360°−(90°+75°+120°)=75° だから，バス通学の

割合は，自転車通学と同じ $\frac{5}{24}$=$\frac{10}{48}$ である。よって，

全体を48 cmとすると帯の長さは10 cm

---

② (1)全体の60％が195人にあたるから，全体の人

数は，195÷0.6=325（人）

(2)電車の部分の中心の角度は，360°の60％になる

から，360°×0.6=216° である。よって，バスの部

分の中心の角度は，360°−(216°+72°)=72°

③ (1)帯グラフの1目もりは5％になっているので，住

居費は15％である。よって，円グラフで表すと

360°の15％にあたるので，360°×0.15=54°

(2)食費は，全体の35％になっているから，支出の合

計は，7÷0.35=20（万円）

④ (1)「3人」の角度が60°だから，「2人」の角度は，

60°×3.5=210° となる。よって，「1人」の角度とそ

の他の角度を合わせると，

360°−(60°+210°)=90° となる。

また，「1人」の生徒は，「3

人」の生徒より7人多いこと

から，「1人」の角度は，

60°+(7人分の角度)となる。

このことから，「1人」とその

他の3人を合わせた角度は，

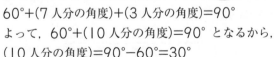

60°+(7人分の角度)+(3人分の角度)=90°

よって，60°+(10人分の角度)=90° となるから，

(10人分の角度)=90°−60°=30°

30°は360°の $\frac{1}{12}$ だから，10人が全体の $\frac{1}{12}$ にあ

たる。したがって，全体の人数は，10×12=120（人）

(2)「1人」とその他の人数を合わせた人数は，全体

の $\frac{90}{360}$=$\frac{30}{120}$ だから30人である。よって，きょう

だいが「1人」の生徒は，30−3=27（人）

☑解答

① (1)80 g (2)2100円 (3)5 cm

(4)250 cm

② (1)73.5点 (2)87点

③ (1)84人 (2)12人

解説

① (1)液体3Lの重さは，2900−500=2400（g）と

なる。また，3L=30dL だから，1dLの重さは，

2400÷30=80（g）

(2)定価の1割引きと2割引きの差は

150+100=250（円）で，これが定価の1割にあた

る。よって，定価は，250÷0.1=2500（円）

これの1割引きは，2500×(1−0.1)=2250（円）

ここから150円ひけば原価がわかるので，原価は，

2250−150=2100（円）

(3)重なっている部分の面積は，45÷3=15（cm²）であ

る。これが，正方形の面積の60％だから，正方形の

面積は，15÷0.6=25（cm²）

よって，1辺の長さは5 cm

(4)3回目に落ちたときの高さは，16÷0.4=40（cm）

である。よって，2回目に落ちたときの高さは，

40÷0.4=100（cm）であり，最初に落とした高さは，

100÷0.4=250（cm）

② (1)A+C+D=210，A+B+D=252 となる。

これから，2×(A+D)+B+C=462 となり，

B+C=126 だから，2×(A+D)=336

よって，A+D=168 だから，

(168+126)÷4=73.5（点）となる。

(2)A+D=168，A−D=6 から，Aの点数は，

(168+6)÷2=87（点）

③ (1)男子のグラフでサッカー部に着目すると，21人で

90°だから，その割合は，90÷360=0.25
よって，男子の運動部員の合計は，21÷0.25=84（人）
(2)男子のグラフから，陸上部の人数は，
84−(21+18+17+9+5)=84−70=14（人）で，
これはグラフでは，360°÷(84÷14)=60°になる。
よって，角⑦=角⑦=60°
角⑦=60°より，全体を6でわったものが16人になっているから，女子の人数は，16×6=96（人）になる。
体そう部はグラフでは45°だから，全体を
360÷45=8でわったものになっている。よって，体そう部の人数は，96÷8=12（人）になる。

46 最上級レベル ⑥

☑解答

1 (1)3136円　(2)550人
　　(3)28g　(4)88点
2 (1)750円
　　(2)A君1500円，B君650円
3 (1)300人　(2)35人

解説

1 (1)スイカ1個の定価を①とすると，5個の代金は⑤となる。2割引きの1個のねだんは，①×0.8=⓪.⑧となるので，4個分の代金は，⓪.⑧×4=③.② となる。よって，⑤−③.②=①.⑧が，1764円にあたるので，定価は，1764÷1.8=980（円）となる。よって，4個分の代金は，980×0.8×4=3136（円）
(2)右の図より，100人が，昨年の20%にあたる。よって，昨年の入場者数は，100÷0.2=500（人）だから，今年の人数は550人となる。

昨年　100人　50人
⓪.⑧　⓪.②
今年　　150人

(3)5%の食塩水200gに食塩は，200×0.05=10（g）

ふくまれている。ここに8gを加えると18gになり，この食塩で10%の食塩水をつくるには，食塩水は全体で，18÷0.1=180（g）になるから，じょう発させた水の量は，200+8−180=28（g）
(4)国語と算数の平均点を基準にして考える。
国語と算数の平均点は，国語，算数，理科3教科の平均点より2点高いので，国語と算数の平均点は理科より6点高いことになる。また，理科と社会は同点だから，国語と算数の平均点は，理科と社会の平均点より6点高いことになる。
4教科の平均点は，「国語と算数の平均点」と「理科と社会の平均点」の平均なので，4教科全部の平均点が83点のとき，国語と算数の平均点は，これよりも6÷2=3（点）高いことになり，83+3=86（点）となる。
国語は算数より4点高いので，国語の点数は，
(86×2+4)÷2=88（点）

2 最後の状態から逆算して考える。
(1)A君は最後に550円残っていて，その直前にB君に半分のお金をあげているから，あげる前のA君は550÷0.5=1100（円）持っていることになる。また，B君は最後に1600円残っていて，その直前にA君から1100×0.5=550（円）もらっているから，もらう前は，1600−550=1050（円）になる。
　　　A君　550円　　　1100円
　　　B君　1600円　　　1050円
上のB君の1050円はA君に25%あげた残りだから，あげる前のB君は，1050÷(1−0.25)=1400（円）持っていることになる。このときA君はB君から，1400×0.25=350（円）もらっているので，もらう前のA君は，1100−350=750（円）持っていることになる。
　　　A君　550円　　　1100円　　　750円
　　　B君　1600円　　　1050円　　　1400円
上のA君の750円はB君に5割をあげた後だから，最初にA君はB君に750円あげたことになる。

(2)(1)より最初にA君が持っていたお金は，
750÷(1−0.5)=1500（円）になる。B君はA君から750円もらって1400円になったので，B君が最初に持っていたお金は，1400−750=650（円）
3 (1)120人が全体の40%だから，
120÷0.4=300（人）
(2)C町とB町から通っている生徒の合計は，全体の35%になるから，300×0.35=105（人）である。B町から通っている生徒がC町から通っている生徒の2倍なので，C町から通っている生徒は
105÷(1+2)=35（人）

標準レベル 47 速 さ(1)

☑解答

1 (1)秒速8m　(2)分速60m
　　(3)時速64.8km
2 (1)1800　(2)48　(3)189
　　(4)1（時間）15（分）　(5)2（時間）24（分）
3 (1)750　(2)40　(3)6　(4)2.88　(5)102
　　(6)9.9　(7)43.2
4 分速50m，8時15分

解説

1 速さの基本式は，(速さ)=(道のり)÷(時間)
(道のり)=(速さ)×(時間)，(時間)=(道のり)÷(速さ)
(1)秒速200÷25=8（m）
(2)3km=3000m，分速3000÷50=60（m）
(3)時速324÷5=64.8（km）
2 (1)75×24=1800（m）
(2)16×3=48（km）
(3)3.5×54=189（m）
(4)7200÷96=75（分）→1時間15分
(5)120÷50=2$\frac{2}{5}$（時間）→2時間24分

❸ (1) | 時間で 45 km＝45000 m 進むので，
| 分間では 45000÷60＝750（m）進む。

(2) | 分間に 2.4 km＝2400 m 進むので，
| 秒間では 2400÷60＝40（m）進む。

(3) | 時間で 21.6 km＝21600 m 進むので，
| 分間では 21600÷60＝360（m）
| 秒間では 360÷60＝6（m）進む。

(4) | 分間で 48 m 進むので，
| 時間では 48×60＝2880（m）より 2.88 km 進む。

(5) | 秒間で 1.7 m 進むので，
| 分間では 1.7×60＝102（m）進む。

(6) | 秒間で 2.75 m 進むので，| 分間では
2.75×60＝165（m）進み，
| 時間では 165×60＝9900（m）より 9.9 km 進む。

(7) | 分間で 720 m 進むので，| 時間では
720×60＝43200 （m）より 43.2 km 進む。

❹ 学校までは，8 時 20 分－7 時 50 分＝30 分かかっている。1.5 km＝1500 m を進むのに 30 分かかる速さは，分速 1500÷30＝50（m）
また，分速 60 m で進むと，1500÷60＝25（分）かかるので，7 時 50 分＋25 分＝8 時 15 分に着く。

上級レベル 48 速 さ (1)

☑解答
❶ (1) 6.96 (2) 18.72 (3) 117 (4) 100
(5) 5.4 (6) 1.6 (7) 45 (8) 4
❷ (1) 20 (2) 40 (3) 40
(4) 15 (5) 31.5 (6) 1530
❸ 1 時間 24 分

解説
❶ 速さの単位とあつかう時間や道のりの単位を正確にそ

ろえなければ，速さの基本式にはあてはめられないことに注意しよう。

(1) 2 時間 25 分＝145 分なので，
48×145＝6960 （m）より 6.96 km 進む。

(2) 2 時間＝120 分＝7200 秒なので，進む道のりは
2.6×7200＝18720 （m）より 18.72 km

(3) 15 分＝$\frac{15}{60}$ 時間＝$\frac{1}{4}$ 時間＝0.25 時間 より，
2 時間 15 分は 2.25 時間なので，進む道のりは，
52×2.25＝117（km）

(4) 18 km＝18000 m，3 時間＝180 分なので，
分速 18000÷180＝100（m）

(5) | 時間 40 分＝100 分，分速 9000÷100＝90（m）
これは時速 90×60÷1000＝5.4（km）

(6) 3.456 km＝3456 m，36 分＝2160 秒なので，
秒速 3456÷2160＝1.6（m）

(7) 3.78 km＝3780 m なので，3780÷84＝45（分）

(8) 3.2 km＝3200 m，時速 48 km＝分速 800 m なので，3200÷800＝4（分）

❷ (1) 16÷48＝$\frac{1}{3}$（時間）→ 20 分

(2) 分速 630 m＝秒速 10.5 m なので，
420÷10.5＝40（秒）

(3) 時速 27 km＝分速 450 m＝秒速 7.5 m なので，
300÷7.5＝40（秒）

(4) 4 km＝4000 m 進むのに 16 分かかるので，
分速 4000÷16＝250（m）
分速 250 m＝時速 15000 m＝時速 15 km

(5) 秒速は 210÷24＝8.75（m）なので，
秒速 8.75 m＝分速 525 m＝時速 31500 m
＝時速 31.5 km

(6) 秒速は 459÷18＝25.5（m）なので，
秒速 25.5 m＝分速 1530 m

❸ A 地点から B 地点までは 3600÷100＝36（分）かかり，B 地点から A 地点までは 3600÷75＝48（分）

かかる。
全部で 36＋48＝84（分）より，| 時間 24 分かかる。

標準レベル 49 速 さ (2)

☑解答
❶ (1) 60 (2) 2（時間） 15（分） (3) 5
❷ (1) 11 時 (2) 分速 60 m
❸ 2 時間 42 分
❹ (1) 5 km (2) 11 時 5 分
❺ 1800 m

解説
❶ (1) 時速 4.8 km＝分速 80 m なので，
80×50＝4000（m）進む。この道のりを 4 分で進む速さは，4000÷4＝1000（m） より，
分速 | km＝時速 60 km

(2) 秒速 18 m＝分速 1080 m で | 時間 40 分＝100 分かかるので，道のりは
1080×100＝108000（m）より 108 km である。
これを時速 48 km で行くと，
108÷48＝2$\frac{1}{4}$（時間）より 2 時間 15 分かかる。

(3) 分速 200 m で 60 分進むと，200×60＝12000（m）進む。これを 40 分で進む速さは，
分速 12000÷40＝300（m） → 秒速 5 m

❷ (1) 公園までかかる時間は，6÷3＝2（時間）
予定のとう着時こくは，9 時＋2 時＝11 時

(2) 2 時間－20 分＝100 分で進むとよいので，速さは
分速 6000÷100＝60（m）

❸ 行きは 6÷4＝1$\frac{1}{2}$（時間），帰りは 6÷5＝1$\frac{1}{5}$（時間）
かかるので，往復では 1$\frac{1}{2}$＋1$\frac{1}{5}$＝2$\frac{7}{10}$（時間）よ

リ $\frac{7}{10}=\frac{42}{60}$ だから2時間42分かかる。

❹ (1)バスで進んだ道のりは，500×20=10000(m)
→10kmである。列車で進んだ道のりは，1400×25
=35000(m)→35kmである。よって，おじさんの
家までの残りの道のりは，50−(10+35)=5(km)に
なる。
(2)時速6km=分速100mなので，残りの5kmを分
速100mで進むと，5000÷100=50(分)かかる。
よって，おじさんの家に着くのは，
9時30分+20分+25分+50分=11時5分

❺ わすれ物に気づくまでに60×8=480(m)進んで
いるので，学校にもどるまでに480÷120=4(分)かか
る。再び学校を出発するのは，3時+8分+4分+1
分=3時13分になる。よって，駅に着くまで3時
28分−3時13分=15分かかったことになる。学校
から駅までは120×15=1800(m)

上級 レベル 50 速 さ(2)

☑解答

❶ 7時間10分
❷ (1)2800m (2)7時59分
　　(3)分速100m
❸ (1)時速36km (2)4.5分間
　　(3)分速60m (4)分速150m

解説▶

❶ とちゅう休けいをとらなければ，27÷4.5=6(時間)
→360分かかる。50分歩くたびに休けいをとるので，
360÷50=7余り10より，7回休けいをとっている。
休けい時間は全部で10×7=70(分)より1時間10分
なので，全部で6時間+1時間10分=7時間10分

かかる。

❷ (1)ふだんは学校まで7時40分から8時20分まで
の40分かかる。よって，学校までの道のりは，
70×40=2800(m)
(2)電話をかけたところは家から70×10=700(m)地
点なので，姉はそこまで700÷140=5(分)かかる。
姉が着くのは，7時54分+5分=7時59分
(3)学校までの残りの道のりは2800−700=2100
(m)で，この道のりを8時20分−7時59分=21
分で歩かなければならない。
求める速さは，分速2100÷21=100(m)

❸ (1)時速30km=分速500mなので，行きにかかっ
た時間は15000÷500=30(分)，また，時速45km
=分速750mなので，帰りにかかった時間は，
15000÷750=20(分)になる。よって，30+20
=50(分)で往復したことになる。往復の道のりは
30000mなので，往復の平均の速さは，
分速30000÷50=600(m)→時速36kmになる。
(2)つるかめ算の考え方を使う。もし分速80mで21
分間進んだとしたら，80×21=1680(m)しか進めな
いので，2400−1680=720(m)足りない。
1分間に進む道のりを80mから240mに変えると，
240−80=160(m)ずつ長く進めるので，走っていた
時間は 720÷160=4.5(分間)
(3)速さを2倍にして50分かかる道のりは，もとの速
さで行くと50×2=100(分)かかる。もしすべての道
のりを歩いていくと，全部で40+100=140(分)かか
るはずである。よって，はじめの歩く速さは，分速
8400÷140=60(m)
(4)3×2=6(km)より，往復で6000mを分速120m
で進んだことになるので，往復にかかった時間は
6000÷120=50(分)である。行きにかかった時間は
3000÷100=30(分)なので，帰りにかかった時間は
50−30=20(分)である。
よって，帰りの速さは，分速3000÷20=150(m)

標準 レベル 51 速 さ(3)(旅人算)

☑解答

❶ (1)あきこ 分速60m 妹 分速40m
　　(2)18分後 (3)720m
❷ (1)24分 (2)分速80m (3)10分後
❸ (1)300m (2)15分後 (3)1050m
❹ 分速50m
❺ 650m

解説▶

❶ 向かい合って進むとき，2人の間のきょりは，速さの
和ずつちぢまっていく。
(1)あきこさんの速さは分速1800÷30=60(m)で，妹
の速さは分速1800÷45=40(m)
(2)1800÷(60+40)=18(分後)
(3)家から2人が出会う場所までの道のりは，妹が出会
うまでに進んだ道のりになるので，40×18=720(m)
の地点である。

❷ (2)出会うまでに8分かかったので，2人の分速の和
は960÷8=120(m)である。お父さんの速さは分速
120−40=80(m)
(3)はじめの3分間で，こうじ君は40×3=120(m)進
むので，お父さんが出発するとき，2人の間は
960−120=840(m)にちぢまる。この後2人は1分
間に120mずつ近づく(2人の分速の和)ので，あ
と840÷120=7(分)で出会う。こうじ君が出発して
からだと3+7=10(分)後になる。

❸ 同じ向きに進むときは，2人の間は速さの差ずつちぢ
まっていく。
(2)兄とさとし君の間は，1分間に70−50=20(m)ず
つちぢまるので，300mをちぢめるのに，
300÷20=15(分)かかる。
(3)兄は追いつくまでに15分かかっているので，

解答

141

70×15=1050(m)進んでいる。

❹ 弟は追いつくまでに 150×6=900(m)進んでいる。同じ 900 m を進むのに兄は 12+6=18(分)かかっているので，兄の速さは分速 900÷18=50(m)

❺ 妹は姉より 3 分おくれてとう着するので，姉が学校に着いたとき，50×3=150(m)後ろにいたことになる。姉と妹が 150 m 差をつけるのに，150÷(65−50)＝10(分)かかり，これが姉が学校まで行くのにかかる時間となる。よって，学校までの道のりは，65×10=650(m)

上級レベル 52 　速　さ (3)（旅人算）

☑解答

❶ (1)1200 m　(2)11 分後と 19 分後
❷ (1)24 分後　(2)240 m
❸ (1)288 m　(2)12 分後　(3)1440 m
❹ (1)6 時 45 分　(2)6 時 48$\frac{3}{4}$ 分　(3)10 分後

解説

❶ (1)5 分間に 2 人の間は，(70+50)×5=600(m)ちぢまるので，2 人の間は 1800−600=1200(m)
(2)出会うまでに間の道のりが 480 m になるとき，2 人がちぢめた道のりは 1800−480=1320(m)になるので，出発してから 1320÷(70+50)=11(分後)
また，出会うまでに 1800÷(70+50)=15(分)かかり，その後，間が 480 m 広がるのに
480÷(70+50)=4(分)かかる。したがって，2 回目は 15+4=19(分後)

❷ 出発するときの位置を○，二人が出会う位置を●として，出会うまでに進んだ道のりを右の図のように表す。

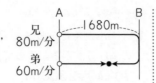

(1)図より，2 人が出会うまでに 2 人合わせて 1680×2=3360(m)進んだことがわかる。よって，出会うのは 3360÷(80+60)=24(分後)
(2)兄は出会うまでに 80×24=1920(m)進んでいる。したがって，1920−1680=240(m)

❸ 2 人が出会うまでに進んだ道のりを図に示すと，次の図のようになる。

(1)PQ 間のまん中までの道のりを①m とすると，A が進んだ道のりは①+144(m)，B が進んだ道のりは①−144

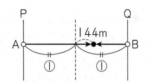

(m)となり，その差は 144×2=288(m)になる。
(2)2 人の進んだ道のりの差は，1 分間に 72−48=24(m)ずつ広がっていくので，288 m 差になるのは，288÷24=12(分後)
(3)2 人は向かい合って進み，12 分後に出会ったので PQ 間は，(72+48)×12=1440(m)になる。

❹ こういち君はお父さんより 6 分早く家を出ているので，90×6=540(m)先行している。6 時 36 分の 2 人の位置を○，お父さんが追いついたときの位置を●て，その後 2 人が出会う位置を□として，2 人が進む道のりを図に示すと，右の図のようになる。

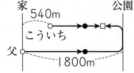

(1)お父さんがこういち君に追いつくまでに，540÷(150−90)=9(分)かかるので，その時こくは 6 時 36 分 +9 分 =6 時 45 分になる。
(2)お父さんが追いついたのは，家から 150×9=1350(m)地点のところである。ここから公園までは 1800−1350=450(m)あり，2 人が再び出会うまでに 2 人合わせて 450×2=900(m)進んでいることがわかる。

よって，あと 900÷(150+90)=3$\frac{3}{4}$(分)かかるので，

答えは 6 時 45 分 +3$\frac{3}{4}$ 分 =6 時 48$\frac{3}{4}$ 分

(3)こういち君は家にもどるまでに 1800×2÷90=40(分)かかり，6 時 30 分 +40 分 =7 時 10 分に家にもどる。お父さんは家にもどるまでに 1800×2÷150=24(分)かかり，6 時 36 分 +24 分 =7 時 0 分に家にもどる。よって，答えは 10 分後になる。

標準レベル 53 変わり方 (1)

☑解答

❶ イ, ウ
❷ (1)13 cm　(2)170 g
❸ (1)1125 km　(2)50 km
❹ (1)45 L　(2)13 分
❺ (1)30　(2)45 cm　(3)25 cm

解説▶

❶ ○と□の2つの数量があり, ○が2倍, 3倍, ……となると, それにともなって, □も2倍, 3倍, ……となる関係を, □は○に比例するという。
イ→長さが2倍, 3倍, ……になると, 重さも2倍, 3倍, ……になる。　ウ→直径が2倍, 3倍, ……になると, 円周の長さも2倍, 3倍, ……になる。

❷ おもりの重さが20 g増えると, ばねの長さは2 cmずつのびていることから, このばねは, おもりの重さが10 gで1 cmのびることになる。
(1)20 gのおもりをつるすと, 2 cmのびて15 cmになっているので, おもりがないときの長さは, 15−2=13(cm)
(2)30−13=17(cm) のばすことになるので, 10×17=170(g)

❸ (1)1 Lで進む道のりは, 150÷6=25(km) だから, 25×45=1125(km)

❹ (1)1分長くなるごとに3 Lずつ増えているから, 1分で3 Lたまる。よって, 3×15=45(L)
(2)39÷3=13(分)

❺ 1辺の長さとまわりの長さは比例している。
(1)1辺が1 cmの10倍だから, 3×10=30
(2)1辺が1 cmの15倍だから, 3×15=45(cm)
(3)まわりの長さが3 cmの25倍だから, 1辺の長さは25 cm

上級レベル 54 変わり方 (1)

☑解答

❶ エ
❷ (1)27 cm　(2)4 cm
❸ (1)350 g　(2)12000 円
❹ (1)6000 円　(2)48 L　(3)1150 km
❺ ア 18　イ 8

解説▶

❶ 一方が2倍, 3倍, ……となると, それにともなって, もう一方も2倍, 3倍, ……となっているのはエだけである。

❷ (1)4.5×6=27(cm)
(2)24÷6=4(cm)

❸ 重さと代金は比例している。
(1)1 g分の代金は, 400÷200=2(円) だから, 700÷2=350(g)
(2)600 gが1200 円だから, 10倍の12000 円

❹ (1)1 Lの代金は, 750÷5=150(円) だから, 150×40=6000(円)
(2)7200÷150=48(L)
(3)750 円分のガソリンで115 km進むから, 115×10=1150(km) 進む。

❺ ばねAは, 210 gで12 cmのびているので, 重さが半分の105 gでは, のびる長さも半分の6 cmになる。よって, アは, 12+6=18 である。
ばねBは, 280−70=210(g) で 32−14=18(cm) のびているので, 70 gでは, 210÷70=3 より 18÷3=6(cm) のびていることになる。よって, イは, 14−6=8

標準レベル 55 変わり方 (2)

☑解答

❶ (1)49 個　(2)152 個
❷ (1)11 個　(2)100 個
❸ (1)21 まい　(2)15 だん目
❹ (1)84 本　(2)9 cm

解説▶

❶ 1, 3, 5, 7, 9, ……, ○, …… のように, 同じ数ずつ増えていく数のならび方を等差数列という。
○番目の数=初めの数+増えていく数×(○−1)
○番目までの和=(最初の数+最後の数)×個数÷2
となる。
(1)最初の3本で1個の正三角形ができ, そのあとは, 2本で1個の正三角形ができるので, 最初の3本をのぞいた, 99−3=96(本) のマッチぼうでは, 96÷2=48(個) の正三角形ができる。よって, 正三角形は, 1+48=49(個)
(2)個数は, 5, 8, 11, 14, ……となっている。1番目からあとは, おはじきは3個ずつ増えていくので, 50番目は, 5+3×(50−1)=152(個) ある。

❷ (1)個数は, 1, 3, 5, 7, ……となっている。1回目からあとは, コインは2個ずつ増えていくので, 6回目は, 1+2×(6−1)=11(個) ならべることになる。
(2)ならべるコインの個数の和は, 次のようになる。

回数	1	2	3	4	5	……
個数の和	1	4	9	16	25	……

これから, ○回目までの個数の和は, 1×1=1, 2×2=4, 3×3=9, 4×4=16, ……のように, ○×○(個) となっていることがわかる。よって, 10回目までの個数の和は, 10×10=100(個)

❸ (1)▽のタイルのまい数は, 0, 1, 2, 3, 4, ……と増えていくので, 7だん目までにならんでいるまい数

143

は，0+1+2+3+4+5+6=(0+6)×7÷2=21（まい）
となる。

(2)▲のタイルのまい数は，1，2，3，4，……となっているので，○だん目までにならんでいるまい数は，
(1+○)×○÷2 と表すことができる。
(1+○)×○÷2=120 より，(1+○)×○=240
よって，○=15 のときに，合計が120になる。

❹ (1)右の図から，1辺が6cmの正方形では，たてと横のそれぞれに，6本の竹ひごが，6+1=7（列）ずつならんでいるので，竹ひごは全部で，
6×7×2=84（本）必要である。

(2)(1)から，1辺が○cmの正方形をつくるのに必要な竹ひごの本数は，○×(○+1)×2 と表すことができる。
これから，○×(○+1)×2 が200本以下になる場合を考える。
○×(○+1) は100本以下になるので，○にあてはまる最も大きい数を考えると，9×(9+1)=90，
10×(10+1)=110 より，9とわかる。よって，1辺が9cmの正方形ができる。

上級
レベル **56** 変わり方 ⑵

☑解答

1 (1)76本 (2)33個

2 (1)32個 (2)21番目

3 (1)25個 (2)84本

4 (1)36cm (2)61まい (3)365まい

解説▶

1 (1)最初の4本で1個の正方形ができ，そのあとは，3本で1個の正方形ができるので，あと24個つくるのに必要な本数は，3×24=72（本）
全部で，4+72=76（本）

(2)最初の4本をのぞいた，100-4=96（本）のマッチぼうでは，96÷3=32（個）の正方形ができる。よって，正方形は，1+32=33（個）

2 (1)白玉の個数は，4，6，8，……となっている。1番目からあとは2個ずつ増えていくので，15番目の白玉の個数は，4+2×(15-1)=32（個）

(2)黒玉の個数は，4，7，10，……と，1番目からあとは3個ずつ増えていく。64個になるのが○番目とすると，4+3×(○-1)=64 となる。
○=(64-4)÷3+1=21（番目）

3 (1)○番目と三角形の個数の関係は，次のようになる。

○番目	1	2	3	4	……
個数	1	4	9	16	……

これから，○番目の個数は ○×○（個）となっているので，5番目をつくったときの三角形の個数は，
5×5=25（個）となる。

(2)右の色のついた三角形の辺の数を求めていけばよいことになる。
三角形の個数は，1，2，3，4，…とならんでいくので，7番目までの個数は，全部で，

(1+7)×7÷2=28（個）となる。
1個の三角形に3本必要なので，マッチぼうの本数は，
3×28=84（本）

4 (1)図形のまわりの長さは，4cm，12cm，20cm，……となっている。1番目からあとは，8cmずつ長くなるので，5番目の図形のまわりの長さは，
4+8×(5-1)=36（cm）

(2)右の図のように，2番目からの図形をそれぞれ上下で分けて，タイルのまい数を考える。○番目のまい数は，

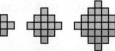

2番目　3番目　4番目

■+■=○×○
+(○-1)×(○-1)
（まい）なので，6番目で使われるタイルのまい数は，
6×6+5×5=36+25=61（まい）

○番目	2	3	4	……
■のまい数	4	9	16	……
■のまい数	1	4	9	……
まい数	5	13	25	……

(3)まわりの長さが108cmになるのが○番目とすると，
4+8×(○-1)=108 となる。
○=(108-4)÷8+1=14（番目）
このときのタイルのまい数は，
14×14+13×13=196+169=365（まい）

57 最上級レベル 7

☑解答

1 (1)時速 7.2 km　(2)① 40 個　② 36 個

2 (1) 1350 m　(2) 10 時 30 分　(3) 4 分間

3 (1) 36 cm³　(2) 150 cm²　(3) 300 cm²

解説

1 (1)行きは 18÷9＝2(時間)，帰りは 18÷6＝3(時間) かかっているので，合計で 2+3＝5(時間) かかっている。往復 18×2＝36(km) 進んでいるから，往復の平均の速さは，時速 36÷5＝7.2(km) になる。

(2)① 1辺の個数を内側から書くと

白　2，6，10，……

黒　4，8，……

となる。ここで，右の図のように 1辺が 8個のときは，まわりの数は (8-1)×4，1辺が 4個のときは，(4-1)×4 となる。よって，これを合わせて，(4-1)×4+(8-1)×4＝40(個) ある。

② 1辺の個数を内側から書くと

白　2，6，10，14，18，……

黒　4，8，12，16，……

となる。①から (1辺の数-1)×4＝68 より 68÷4+1＝18 なので，いちばん外側は白いご石で 1辺が 18個。このときすぐ内側は黒いご石で 1辺が 16個である。白いご石の合計は，内側から数えて，

1×4+5×4+9×4+13×4+17×4

＝(1+5+9+13+17)×4＝45×4＝180(個)

黒いご石の合計も同じように計算すると，

(3+7+11+15)×4＝36×4＝144(個) となる。

よって，白と黒のご石の差は，180-144＝36(個)

2 (1)3000-150×11＝3000-1650＝1350(m)

(2)時速 12 km＝分速 200 m であるから，正君は自転車で 3000÷200＝15(分) 走ったことになる。正君は明君が出発してから 15 分後に走りはじめたので，15+15＝30(分) より，正君は午前 10 時 30 分に図書館に着いたことになる。

(3)(1)より明君は 1350 m を分速 90 m で歩いたので，その間に 1350÷90＝15(分) かかっている。休けい地点からは 11 分で図書館に着いているので，30-11-15＝4(分間) 休けいしていたことになる。

3 (1)1+2+3+4+5+6+7+8＝(1+8)×8÷2＝36(cm³)

(2)10 だん重ねたとき，立体を上下と左右から見たときの面積はそれぞれ 10 cm² になる。使われている立方体の個数は，(1+10)×10÷2＝55(個) なので，立体の前後の側面積はそれぞれ 55 cm² になる。よって表面積は，10×4+55×2＝150(cm²)

10cm²　55cm²

(3)120 個使ったとき，立体の前後の面積はそれぞれ 120 cm² になる。このとき立方体が○だん重なっているとすると，(1+○)×○÷2＝120
(1+○)×○＝240　○＝15

よって，立方体は 15 だん重なっていて，立体を上下と左右から見たときの面積がそれぞれ 15 cm² になるから，表面積は，120×2+15×4＝300(cm²)

58 最上級レベル 8

☑解答

1 (1)時速 48.6 km　(2) 3.6 km

2 (1) 108 本　(2) 18 番目

3 (1) 6 秒後　(2) 78 秒後　(3) 5 回

解説

1 (1)6 分間で 432 m 歩くから，その速さは分速 432÷6＝72(m) である。1 時間半は 90 分だから，進んだ道のりは，72×90＝6480(m) になる。この道のりを 8 分で進んだから，速さは，分速 6480÷8＝810(m) で，これを時速にすると，答えは時速 810×60÷1000＝48.6(km) となる。

(2)時速 36 km は，分速 36×1000÷60＝600(m) になる。

分速 600 m で 54 分だけ進むと，その道のりは，600×54＝32400(m) になる。この道のりは，分速 600 m と分速 60 m で 1 分間に進む道のりの差 600-60＝540(m) がいくつか集まったものなので，その時間は，32400÷540＝60(分) になる。これがまおさんが分速 60 m で家から図書館まで歩いた時間なので，その道のりは，60×60＝3600(m) だから，答えは 3.6 km になる。

2 (1)1 辺が 1 cm の△が何個できるかを考える。1 番目から，1，2，3，4，……と△ができていくので，8 番目までには，1+2+3+4+……+8＝36(個) の△ができる。1 個につき，3 本のはり金を使うので，3×36＝108(本) となる。

(2)513÷3＝171(個) の△ができたときである。

1+2+3+……+○＝171 とすると，
(1+○)×○÷2＝171　(1+○)×○＝342　○＝18
よって，18 番目となる。

3 (1)出発してから点 P が初めて E に着くのは，18÷3＝6(秒)後になる。また，点 Q が初めて E に着くのは，

12÷2=6(秒)後になる。よって，2点P，Qが初めて出合うのは6秒後になる。

(2)点Pが正方形ABCEを一周するのにかかる時間は，6×4÷3=8(秒)なので，点PがEにつくのは，6秒後，14秒後，22秒後，30秒後，……となる。また，点Qが三角形CDEを一周するのにかかる時間は，6×3÷2=9(秒)なので点QがEにつくのは6秒後，15秒後，24秒後，……となる。つまり，点Pと点Qが一周にかかる時間はそれぞれ8秒と9秒なので，最小公倍数の72秒後に2点P，QはEで出合うことになる。よって，答えは出発してから6+72=78(秒)後になる。

(3)点PがCE間を通るのは，出発してから4～6秒，12～14秒，20～22秒，28～30秒，36～38秒，44～46秒，52～54秒，60～62秒，68～70秒，76～78秒で，点QがEC間を通るのは，出発してから6～9秒，15～18秒，24～27秒，33～36秒，42～45秒，51～54秒，60～63秒，69～72秒となるので，2点がCE間で出合うのは初めと最後をのぞいて，36秒，44～45秒，52～54秒，60～62秒，69～70秒の5回になる。

標準レベル 59 図形の角 (1)

☑解答

❶ (1) 25°　(2) 70°　(3) 64°
　 (4) 34°　(5) 138°　(6) 129°
❷ (1) 135°　(2) 70°　(3) 80°
　 (4) 107°
❸ (1) ア 3　イ 4　ウ 180°×3　エ 180°×4
　 (2) 2
❹ (1) 1260°　(2) 490°　(3) 3600°

解説

❶ 三角形の3つの内角の和は180°になる。
(1) 180°−(90°+65°)=25°
(2) 180°−(80°+30°)=70°
(3) 二等辺三角形で，底角は等しいから，
(180°−52°)÷2=64°
(4) (180°−112°)÷2=34°

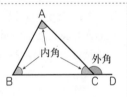

三角形の1つの外角とそれととなりあわない2つの内角の間には，次のような関係が成り立つ。右の図で，
角ACD＝角A＋角B

(5) 56°+82°=138°
(6) (180°−78°)÷2=51°，51°+78°=129°

❷ 四角形の内角の和は360°になる。
(1) 360°−(42°+128°+55°)=135°
(2) 360°−(69°+130°+91°)=70°
(3) アのとなり合う内角は，
360°−(86°+120°+54°)=100°
よって，アは180°−100°=80°
(4) 右の図より，アは，
360°−(110°+59°+84°)=107°

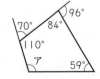

---

❸ (2)表から，内角の和は，(辺の数−2)に180°をかけたものになる。
　□角形の内角の和=180°×(□−2)
❹ (1) 180°×(9−2)=1260°
(2) 六角形の内角の和は，180°×(6−2)=720°だから，
720°−(120°+110°)=490°
(3) 180°×(22−2)=3600°

上級レベル 60 図形の角 (1)

☑解答

❶ (1) 29°　(2) 128°
　 (3) 122°　(4) 128°
❷ (1) 105°　(2) 53°
　 (3) 73°　(4) 62°
❸ (1) 42°　(2) 34.5°

解説

❶ (2)下の図より，ア=101°+27°=128°

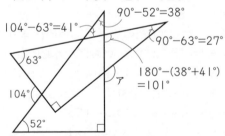

(3)下の図より，ア=98°+24°=122°

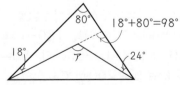

(4)角Cの大きさは，180°−(82°+72°)=26°だから，
ア=180°−26°×2=128°

2 (1) CD=CE なので，三角形 CDE は直角二等辺三角形になる。よって，角 CDE=45°
角 ACD=角 CAB=60° だから，
ア=60°+45°=105°

(2) 360°−(100°+65°+68°)=127°
よって，ア=180°−127°=53°

(3) 角 D=180°−(78°+34°)=68°
よって，角 ABC=68°
ア=180°−{62°+(68°−23°)}
=180°−107°=73°

(4) 三角形 CBD は二等辺三角形なので，
角 CBD=(180°−124°)÷2=28°
よって，ア=180°−(90°+28°)=62°

3 (1) 角 BAD=90°−34°=56° で，AE=AF だから，
角 AEF=角 AFE なので，
角 AFE=(180°−56°)÷2=62°
また，角 CAF=76°−56°=20°　よって，
角 ACF=62°−20°=42°

(2) 二等辺三角形の底角は等しいことを使う。
42° は，三角形 DAC の外角の大きさだから，
角 DAC+角 DCA=42° で，角 DAC=角 DCA だから，角 DAC=角 DCA=21°
また，角 A=角 C だから，角 BAD=㋐となる。
さらに，DA=DB=DC より，角 DBA=角 DBC=㋐となる。
このことと，三角形 ABC の内角の和は 180° より，
㋐×4+21°×2=180° となるので，
㋐=(180°−42°)÷4=34.5°

---

61 図形の角 (2)

☑解答

❶ (1) 150°　(2) 30°
(3) 120°　(4) 50°

❷ (1) 42°　(2) 80°

❸ (1) 48°　(2) ア 40°　イ 70°
(3) 63°

解説

❶ (3) 右の図で，三角形 CBE は
二等辺三角形である。また，
角 DCE=(180°−75°×2)
=30° だから，
角 BCE=90°+30°=120°
角 CBE=(180°−120°)÷2=30°
だから，ア=30°+90°=120°

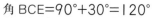

(4) 右の図で，
角 FAG=90°−(10°+60°)=20°
よって，
角 AGF=角 EGC=70°
これから，
ア=180°−(70°+60°)=50°

❷ (1)(2) 問題の図は五角形なので，内角の和は
180°×(5−2)=540°

❸ 折り曲げの問題では，折り曲げた折れ目をはさむ角の大きさは等しいことに注目する。
(1) 下の図で，○の角度は等しくなる。

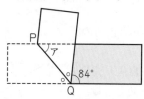

よって，○=(180°−84°)÷2=48°
また，アと○は錯角で等しいので，ア=48°

平行な 2 つの直線に 1 つの直線が交わるとき，同位角は等しく，錯角も等しい。

（解答）

(3) 右の図で，○の角度は等しく，
90°−72°=18° だから，
角 RQS=54° となる。
QR=QS だから，
ア=(180°−54°)÷2=63°

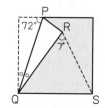

62 図形の角 (2)

☑解答

❶ (1) 120°　(2) 75°　(3) 43°　(4) 135°

❷ 126°

❸ (1) 120°　(2) 120°

❹ (1) 34°　(2) 720°

解説

❶ (1) 三角形 CBE は二等辺三角形で，
角 BCE=90°+60°=150° だから，
角 CEB=(180°−150°)÷2=15°
内角と外角の関係から，
ア=角ACE+角 CEB=(45°+60°)+15°=120°

(2) 三角形 CEF で，CE=CF，
角 ECF=30°+60°=90° だから，三角形 ECF は直角二等辺三角形となる。よって，角 CEF=45°
内角と外角の関係から，ア=45°+30°=75°

(3) 右の図で，角 BCE と
角 DEC は錯角で等しいので，
角 BCE=86°
角 BCA=角 ACE だから，
角 BCA=86°÷2=43°

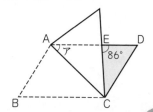

147

アと角 BCA は錯角で等しいので，ア＝43°

(4)六角形の内角の和は 720° になる。

2 角 AEF＝角 AFE＝(180°−34°)÷2＝73° となる。

よって，角 CFG＝180°−73°×2＝34°

これから，ア＝180°−(34°+20°)＝126°

3 (1)角 A＝60° だから，

角 ADE＋角 AED

＝180°−60°＝120°

(2)(1)から，

角 EDF＋角 DEF＝120°

ア＋イ＋角 ADF＋角 AEF

＝180°×2＝360° だから，

ア＋イ＝360°−120°×2＝120°

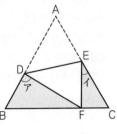

4 (1)右の図で，

AB＝AC＝AD より，

三角形 ADC は二等辺三角形

だから，角 ADC はアと等し

くなる。

三角形 ABC は二等辺三角形だから，

角 BAC＝180°−64°×2＝52°

よって，角 DAC＝52°+60°＝112°

これから，ア＝(180°−112°)÷2＝34°

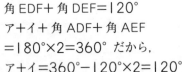

(2)七角形の内角の和は，180°×(7−2)＝900° となる。

よって，900°−90°×2＝720°

解答

1 (1)70° (2)70°

(3)75° (4)180°

2 (1)80° (2)34°

(3)ア 28° イ 20° (4)54°

解説

1 (1)右の図のような A と B に
平行な線をひいて，錯角が等
しいことを利用する。図より，
ア＝70°

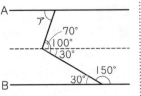

(2)三角形の外角と内角の関係を利用する。
下の図から，あ+40°＝110° となるので，あ＝70°

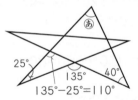

(3)右の図で，AD＝DG＝DE だから，
三角形 ADE は二等辺三角形であ
る。
角 ADE＝90°+60°＝150° だか
ら，
角 DAE＝(180°−150°)÷2＝15°
よって，ア＝15°+60°＝75°

(4)三角形の外角と内角の関
係を利用する。
右の図より，角 A＋角 B＋
角 C＋角 D＋角 E は，1
つの三角形の内角の和にな
るので 180° である。

角 A＋角 C
角 B＋角 E

---

2 (1)右の図のような，A と B に
平行な線をひくと，錯角が等し
いことから，
ア＝30°+50°＝80°

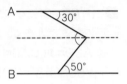

(2)内角と外角の関係を利用して，
角ア＝134°−(72°+28°)＝34°

(3)右の図で，三角形 ABC
は 角 A＝124° の二等辺三
角形だから，
ア＝(180°−124°)÷2
＝28°
よって，
角 BDE＝106°−28°＝78°
イ＝78°−58°＝20°

(4)二等辺三角形の外角に注目する。
右の図で，角 DBC＝角
BDC で，三角形 ABC
の外角だから，
18°×2＝36°
角 DCE＝ア で，三角形 ACD の外角だから，
ア＝18°+36°＝54°

解答

1 (1)35° (2)70°

2 (1)直角二等辺三角形 (2)45°

3 41°

4 (1)55° (2)125°

5 (1)2 倍 (2)36°

解説

1 (1)次の図のような A と B に平行な線をひいて，錯角が
等しいことを利用する。

ア＝（50°−45°）＋30°＝35°

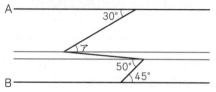

(2)下の図のような AB をのばした線を利用する。
図より，㋐＝120°−50°＝70°

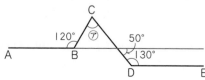

2 (1)三角形 ADB と三角形 CEA
は形と大きさが同じだから，右
の図から，○＋△＝90° とな
る。
すると 角A＝90° だから，三
角形 ABC は，直角二等辺三角形である。

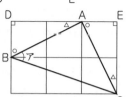

3 三角形の外角と内角の関係より，
×＋×＝82°＋○＋○ だから，×＝41°＋○
また，×＝㋐＋○ でもあるから，㋐＝41°

4 (1)2×（○＋●）＝180°−70°＝110° だから，
○＋●＝55°
(2)(1)より，ア＝180°−55°＝125°

5 (1) AD＝BD だから，角 DBA＝ア
角 BDC は，三角形 ABD の外角だから，
角 BDC＝ア×2
また，三角形 BCD も二等辺三角形だから，角 BCD＝
角 BDC＝ア×2 で，アの2倍である。
(2)角C＝角B＝ア×2 となるので，三角形 ABC の内角
の和はアが5つ分になる。よって，
ア×5＝180° より，ア＝36°

標準レベル **65** 合同な図形

☑解答
1 アとカ，イとオ，キとケ
2 (1)頂点 F (2)5 cm (3)75°
3 (1)二等辺三角形 (2)三角形 OBC (3)3 個
4 (1)辺 AC の長さ
　(2)角 B の大きさ，辺 AC の長さ

解説

1 ぴったりと重ね合わせることができる図形を合同な図
形という。
アとカ…底辺と高さが3目もりと5目もりの直角三角
形である。
イとオ…等しい辺が3目もりの直角二等辺三角形であ
る。
キとケ…上底と下底が3目もりと4目もり，高さが3
目もりの合同な台形である。

2 合同な図形で，重なり合う頂点，辺，角を，それぞれ
対応する頂点，対応する辺，対応する角という。
(1)頂点Cと対応するのは，頂点Fである。
(2)辺 EF は辺 AC に対応しているので，5 cm である。

3 (1) OE＝OC の二等辺三角形である。
(3)三角形 EAB と三角形 BCE と三角形 CBA の3個あ
る。

4 合同な三角形であるためには，次のような3つの条
件がある。3つのうちのどれかの辺の長さや角の大きさ
がわかれば，合同な三角形をかくことができる。
①3つの辺の長さ
がそれぞれ等しい。

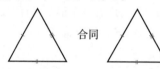

②2つの辺の長さ
とその間の角の大き
さがそれぞれ等しい。

---

③1つの辺の長さ
とその両はしの角の
大きさがそれぞれ等
しい。

(1)③の方法から，辺 AC の長さをはかる。
(2)①の方法から，辺 AC の長さをはかる。または，②
の方法から，角 B の大きさをはかる。

上級レベル **66** 合同な図形

☑解答
1 (1)頂点 F (2)辺 EF (3)7 cm (4)80°
2 (1)角 A の大きさ，辺 BC の長さ
　(2)角 C の大きさ，辺 AB の長さ
3 ②，③，⑤，⑦
4 (1)4.5 cm (2)55° (3)平行四辺形

解説

1 (1)頂点は，AとG，BとH，CとE，DとFが対応し
ている。
(2)辺 CD と対応する辺は辺 EF になる。
(3)辺 EH と対応する辺は，辺 CB だから，7 cm
(4)角Hは角Bと対応するので80°

2 (1)1つの辺の長さとその両はしの角の大きさがわか
ればいいので，角Aの大きさをはかる。
または2つの辺の長さとその間の角の大きさがわかれ
ばいいので，辺 BC の長さをはかる。
(2)2つの辺の長さとその間の角の大きさがわかればい
いので，角Cの大きさをはかる。
または，3つの辺の長さがわかればいいので，辺 AB
の長さをはかる。

3 対角線で2つの三角形に分けて，それと合同な三角
形をかくことができるかどうかを考える。

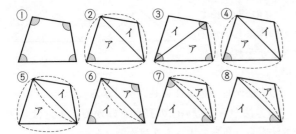

①辺の長さがわからないのでかくことができない。

②まず，2つの辺とその間の角度がわかる三角形アをかくと，それから三角形イをかくことができる。

③まず，2つの辺とその間の角度がわかる三角形アをかくと，それから三角形イをかくことができる。

④2つの辺とその間の角度がわかる三角形アをかいても，三角形イをかくことができない。

⑤三角形アとイは，どちらも3つの辺がわかるのでかくことができる。

⑥1つの辺とその両はしの角度がわかる三角形アをかいても，三角形イをかくことができない。

⑦3つの辺がわかる三角形アと，1つの辺とその両はしの角がわかる三角形イをかくことができる。

⑧三角形アとイのどちらもかくことができない。

4 (1)辺 DE は辺 AB と対応するので，4.5 cm

(2)角 F は角 C と対応している。

角C＝180°－(40°＋85°)＝55°

(3)平行にずらした図形だから，AD と CF は平行である。また，AC と DF も平行なので，2組の向かい合う辺が平行なことから平行四辺形となる。

☑解答

❶ (1)96 cm² (2)15 cm²
(3)30 cm² (4)11.25 cm²

❷ (1)24 cm² (2)27 cm²
(3)78 cm² (4)24 cm²

❸ (1)10 cm (2)20 cm
(3)7 cm (4)9.6 cm

❹ (1)5 cm (2)16 cm

解説

❶ 平行四辺形の面積＝底辺×高さ
(1)12×8＝96(cm²)
(2)3×5＝15(cm²)
(3)5×6＝30(cm²)
(4)2.5×4.5＝11.25(cm²)

❷ 三角形の面積＝底辺×高さ÷2
(1)6×8÷2＝24(cm²)
(2)9×6÷2＝27(cm²)
(3)12×13÷2＝78(cm²)
(4)6.4×7.5÷2＝24(cm²)

❸ (1)2.4×高さ＝24 より，24÷2.4＝10(cm)
(2)底辺×2.4＝48 より，48÷2.4＝20(cm)
(3)16×高さ÷2＝56 より，56×2÷16＝7(cm)
(4)底辺×12.5÷2＝60 より，
60×2÷12.5＝9.6(cm)

❹ (1)三角形の面積と平行四辺形の面積は等しいから，
10×8÷2＝8×高さ
8×高さ＝40 より，高さ＝5 cm
(2)平行四辺形の面積と三角形の面積は等しいから，
18×12＝底辺×27÷2
底辺×27÷2＝216 より，底辺＝16 cm

☑解答

❶ (1)4 cm² (2)270 cm² (3)5 cm
(4)100 cm (5)2.5 倍

❷ (1)10 cm² (2)84 cm² (3)48 cm²
(4)2400 m² (5)5.2 cm

解説

❶ (1)外の大きな三角形の面積から，中の三角形の面積をひく。
4×3÷2－4×1÷2＝6－2＝4(cm²)
(2)平行四辺形の面積から，中にある平行四辺形の面積をひく。
24×15－6×15＝360－90＝270(cm²)
(3)右の図のような線をひくと，
アとウの面積は等しいので，
イとアの面積の差は，横の長さが9 cmの長方形の面積になる。よって，9×たて＝45 だから，たて＝5 cm

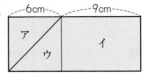

(4)切り取った三角形は底辺と高さが96 cmと
124－96＝28(cm) になる。よって，残った正方形の面積は，
124×124－(96×28÷2)×4
＝15376－5376＝10000(cm²)
10000＝100×100 だから，正方形の1辺の長さは100 cmとなる。
(5)アの面積は，15×30÷2＝225(cm²)
イの面積は，6×30÷2＝90(cm²)
よって，225÷90＝2.5(倍)

❷ (1)色のついた部分の三角形は，高さが等しいので，次のように移していっても面積は変わらない。これから，色のついた部分の面積の和は，たて2.5 cm，横8 cmの長方形の面積の半分になる。
よって，2.5×8÷2＝10(cm²)

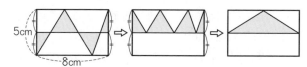

(2)右の図のような，それぞれの辺に平行な線をひくと，同じ印がついた部分の面積は等しいので，○＋×＋△＋□の面積は，平行四辺形の半分になる。

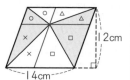

よって，14×12÷2＝84（cm²）

(3)右の図から，アとイの三角形は，高さが等しく，底辺も10cmで等しいので，面積も等しくなる。よって，アの面積はもとの三角形の面積の半分になる。よって，

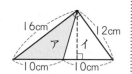

(12×16÷2)÷2＝48（cm²）

(4)下の図のように，道の部分を両はしに寄せて考える。色のついた部分の面積は横60m，たて40mの長方形の面積になるから，60×40＝2400（m²）

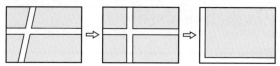

(5)底辺を6.5cmと見たときの高さは7.2cm，底辺を9cmと見たときの高さはAEとなる。
よって，平行四辺形ABCDの面積を考えて，
9×AE＝6.5×7.2 より，
AE＝46.8÷9＝5.2（cm）

標準レベル 69　三角形と四角形の面積 (2)

☑解答

❶ (1) 72 cm²　(2) 108 cm²
　(3) 108 cm²　(4) 120 cm²
❷ (1) 20 cm²　(2) 54 cm²
　(3) 96 cm²　(4) 30 cm²
❸ (1) 11.2 cm　(2) 3 cm
　(3) 11 cm　(4) 9 cm
❹ (1) 10.5 cm²　(2) 216 cm²

解説

❶ 台形の面積＝(上底＋下底)×高さ÷2
(1) (8+16)×6÷2＝72（cm²）
(2) (15+3)×12÷2＝108（cm²）
(3) (18+9)×8÷2＝108（cm²）
(4) (10+14)×10÷2＝120（cm²）

❷ ひし形の面積＝対角線×対角線÷2
(1) 10×4÷2＝20（cm²）
(2) 18×6÷2＝54（cm²）
(3) 24×8÷2＝96（cm²）
(4) 10×6÷2＝30（cm²）

❸ (1) (4.8+下底)×4÷2＝32 より，
　4.8+下底＝16　下底＝16−4.8＝11.2（cm）
(2) 7×対角線÷2＝10.5 より，
　対角線＝3 cm
(3) 8×対角線÷2＝(3+8)×8÷2＝44 より，
　対角線＝11 cm
(4) 5.2×高さ÷2＝4.5×10.4÷2 より，
　5.2×高さ＝4.5×10.4　高さ＝9 cm

❹ 対角線が直角に交わる四角形の面積も
対角線×対角線÷2 となる。
(1) 6×3.5÷2＝10.5（cm²）
(2) 18×24÷2＝216（cm²）

右の図のように，対角線が直角に交わる四角形 ABCD を長方形で囲むと，○，△，□，●の三角形の面積はそれぞれ等しいので，四角形

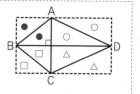

ABCD の面積は，囲んだ長方形の面積の半分になる。長方形のたてと横の長さは，それぞれ対角線の長さになるので，四角形 ABCD の面積は，
対角線×対角線÷2 となる。

上級レベル 70　三角形と四角形の面積 (2)

☑解答

❶ (1) 65 cm²　(2) 2 cm
　(3) 16 cm　(4) 24 cm²
❷ (1) 33 cm²　(2) 22 cm²　(3) 89.75 cm²
　(4) 36 cm²　(5) 9.6 cm²

解説

❶ (1)右の図のような線をひくと，BE＝FC＝5 cm となる。また，三角形 ABE は直角二等辺三角形だから，

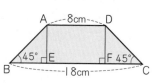

AE＝BE＝5 cm
よって，(8+18)×5÷2＝65（cm²）
(2) (18+22)×高さ÷2＝240 より，台形の高さは12 cm となる。よって，アの三角形の面積は，
BE×12÷2＝120 となる。これから，
BE＝20 cm だから，EC＝22−20＝2（cm）
(3) BC＝10 cm だから，四角形 ABCD を平行四辺形と見て，その面積は，10×9.6＝96（cm²）
よって，12×BD÷2＝96 より，BD＝16 cm
(4)三角形の高さとひし形の対角線が等しくなる。三角形

の面積より，6×高さ÷2＝12×4÷2 となり，
高さ＝8cm となる。よって，ひし形の面積は，
6×8÷2＝24（cm²）

2 （1）右の図のように台形と三角
形に分ける。

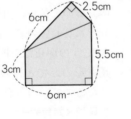

台形の面積は，
(3+5.5)×6÷2＝25.5（cm²）
三角形の面積は，
2.5×6÷2＝7.5（cm²）
よって，25.5+7.5＝33（cm²）
（2）三角形と四角形に分けて考える。
下の三角形の面積は，4×6÷2＝12（cm²）
上の四角形の面積は，
(2+6)×3÷2-2×2÷2＝10（cm²）
よって，12+10＝22（cm²）
（3）台形の面積から三角形の面積をひく。
台形の面積は，(17.5+4.5)×10÷2＝110（cm²）
三角形の面積は，13.5×3÷2＝20.25（cm²）
よって，110-20.25＝89.75（cm²）
（4）台形 AEFD と台形 EBCF の高さは，AD と EF と
BC が平行で，E と F がそれぞれ AB と DC のまん中の
点であることから，どちらも 9cm になる。
台形 AEFD の面積は，(8+12)×9÷2＝90（cm²）
台形 EBCF の面積は，(12+16)×9÷2＝126（cm²）
よって，面積の差は，126-90＝36（cm²）
（5）三角形 ABC と台形の高
さは同じなので，三角形か
ら高さを考える。

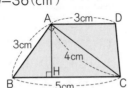

右の図の三角形 ABC で，
5×AH÷2＝4×3÷2 と
なるから，AH＝2.4cm である。
よって，台形の面積は，(3+5)×2.4÷2＝9.6（cm²）

✓解答

❶ （1）① 96 cm²　② 32 cm²
　　（2）13.5 cm²　（3）216 cm²　（4）32 cm²
❷ 168.8 cm²
❸ （1）67.5 cm²　（2）4.2 cm
❹ （1）64 cm²　（2）20 cm

解説

❶ （1）①四角形 ABCD を，右
の図のように，2つの三角形
に分ける。
三角形 BCD の面積は，
8×14÷2＝56（cm²）
三角形 ABD の面積は，
10×8÷2＝40（cm²）である。
よって，四角形 ABCD の面積は，56+40＝96（cm²）
②B と D を結ぶ。
三角形 ADB の面積は，
4×10÷2＝20（cm²）
三角形 DBC の面積は，
2×12÷2＝12（cm²）
よって，20+12＝32（cm²）
（2）正方形からまわりの三角形をひく。
6×6-(3×6÷2×2+3×3÷2)＝13.5（cm²）
（3）ひし形 4つ分の面積は，
12×9÷2×4＝216（cm²）
よって，18×24-216＝216（cm²）
（4）右の図のような，AC を対角線
とする正方形の面積は，
16×16÷2＝128（cm²）
だから，三角形 ABC の面積は
128÷2＝64（cm²）である。

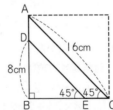

三角形 DBE は直角二等辺三角形だから，その面積は，
8×8÷2＝32（cm²）
よって，四角形 ADEC は，64-32＝32（cm²）
❷ 台形の面積は，
(12+20)×18÷2＝288（cm²）
三角形 ADE は，15.2×12÷2＝91.2（cm²）
三角形 BCE は，20×2.8÷2＝28（cm²）
よって，288-91.2-28＝168.8（cm²）
❸ （1）9×15÷2＝67.5（cm²）
（2）三角形 AEF で，12×DF÷2＝25.2 だから，
DF＝25.2×2÷12＝4.2（cm）
❹ （1）8×16÷2＝64（cm²）
（2）三角形 BED の面積は，164-64＝100（cm²）
これから，10×AB÷2＝100 となるので，
AB＝100×2÷10＝20（cm）

✓解答

❶ （1）35 cm²
　　（2）① 13.5 cm²　② 18 cm²　③ 2 cm
　　（3）5.5 cm
❷ （1）① 192 cm²　② 23 cm
　　（2）30 cm²　（3）4.8 cm　（4）108 cm²

解説

❶ （1）三角形 ABC は，長方形の半分になる。その面積は，
5×7÷2＝17.5（cm²）だから，長方形の面積は，
17.5×2＝35（cm²）
（2）① 4.5×6÷2＝13.5（cm²）
② CD を底辺と見たときの高さは 6cm である。よって，
6×6÷2＝18（cm²）
③三角形 EFD の面積は，18-13.5＝4.5（cm²）となる。

よって，4.5×AE÷2=4.5 より，AE=2 cm

(3)三角形ABF の面積は，4×9÷2=18(cm²)
よって，三角形 ABE の面積は，18−11=7(cm²)
これから，4×AE÷2=7 より，AE=3.5 cm
よって，DE=9−3.5=5.5(cm)

❷ (1)① 24×16÷2=192(cm²)

② 三角形 AFD と三角形 FEC の面積の差は，三角形
ADC と三角形 DEC の面積の差と等しくなる。よって，
三角形 DEC の面積は，192−8=184(cm²) となるの
で，EC×16÷2=184 より，EC=23 cm

(2)三角形 DBF の面積は，12×13÷2=78(cm²)
三角形 GBF の面積は，12×(13−5)÷2=48(cm²)
よって，78−48−30(cm²)

(3)右の図のように，頂点A
と頂点 F を点 E に移動させ
ると，色のついた部分の面
積の和は，台形 EBCD の
面積と等しくなる。よって，
(8+ED)×5÷2=32 より，8+ED=12.8
よって，ED=4.8 cm

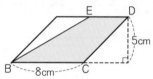

(4)右の図のように，P を通
って，辺 AB と辺 AD に
平行な線をひくと，同じ印
のついた部分の面積は等し
いので，○＋×＋＋△＋□ の
面積は，平行四辺形の面積の半分になる。
よって，18×12÷2=108(cm²)

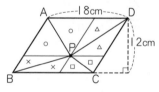

☑解答

❶ (1)32 cm² (2)44 cm² (3)15 cm²
(4)67.2 cm² (5)50 cm²
❷ (1)30 cm² (2)9.6 cm
(3)6 cm² (4)75 cm²

解説

❶ (1)右の図のように 2 つの三
角形に分ける。
4×10÷2+3×8÷2
−32(cm²)

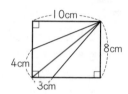

(2)右の図で，アとイの和は，対
角線が 6 cm の正方形になる。
よって，6×6÷2=18(cm²)
ウとエの和は，対角線が 4 cm
の正方形になる。よって，4×4÷2=8(cm²)
オは 2×2÷2=2(cm²) だから，
(12×12÷2)−(18+8+2)=44(cm²)

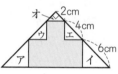

(3)右の図で，AB と CD は平行
だから，三角形 ACD と三角形
BCD の面積は等しくなる。す
ると，三角形 AED と三角形
BEC の面積も等しくなる。
このことから，色のついた部分の面積は，
5×6÷2=15(cm²)

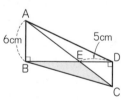

(4)台形の高さは，直角三角形の高さと同じである。直角
三角形で，10×高さ÷2=6×8÷2=24 となるので，
高さは 4.8 cm となる。よって，台形の面積は，
(10+18)× 4.8÷2=67.2(cm²)

(5)3 つの正方形の面積の和は，
16+25+36=77(cm²) である。また，白い部分の三
角形の面積は，9×6÷2=27(cm²) だから，色のつい

た部分の面積は，77−27=50(cm²)

❷ (3)角 EBD=40° だから，角 ABF=50° となり，
FA=FB となる。また，角 ACB=40° だから，
FB=FC となる。このことから，FA=FC となり，F
は AC のまん中になる。よって，三角形 FBC の面積は，
三角形 ABC の面積の半分で，6 cm² となる。

(4)右の図で，FG と BD は平行で
ある。よって，三角形 EBD の面
積は，三角形 GBD の面積と等し
くなる。三角形 GBD の面積は，
5×10÷2=25(cm²)，三角形
BCD の面積は 10×10÷2=50(cm²) だから，四角
形 EBCD の面積は，25+50=75(cm²)

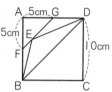

☑解答

❶ (1)5 cm² (2)① 4 倍 ② 3 cm
(3)4 cm² (4)13.75 cm²
❷ (1)30 cm² (2)18 cm²
(3)11 $\frac{2}{3}$ cm (4)103 cm²

解説

❶ (1)下の図のように三角形を移しても面積は変わらない。
よって，求める面積は，5×2÷2=5(cm²)

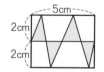

(2)①右の図から，三角形 DBC の
面積は，三角形 DBE の面積の 4
倍になっている。高さは等しいの
で，底辺の長さも 4 倍になる。
②①より，EC=6 cm となる。

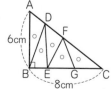

また，EG=GC だから，GC=3 cm

(4)右の図で，アの面積は，

5×5÷2÷2=6.25（cm²）

イの面積は，3×3÷2=4.5（cm²）

三角形 DEF の面積は，

7×7÷2=24.5（cm²）

よって，求める面積は，

24.5−6.25−4.5=13.75（cm²）

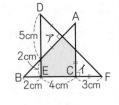

2 (1)三角形 DEB の面積から三角形 DFB の面積をひく。

18×12÷2−13×12÷2=（18−13）×12÷2

=5×12÷2=30（cm²）

(2)三角形 AED と三角形 CEF の面積の差は，三角形 ADC と三角形 DFC の面積の差と等しくなる。よって，

（12×15÷2）−（12×12÷2）=18（cm²）

(3)三角形 AED と三角形 ABF の面積が等しくなることから求める。

7×5÷2=3×AD÷2 より，AD=11$\frac{2}{3}$ cm

(4)右の図から，四角形 ABCD のまわりの 4 つの直角三角形の面積の和は，長方形から◎の長方形の面積をひいた残りの半分になることがわかる。

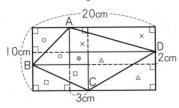

◎の長方形の面積は，2×3=6（cm²）だから，

四角形 ABCD の面積は，

10×20−（10×20−6）÷2=103（cm²）

☑解答

1 (1)29° (2)ア 60° イ 39° (3)113°

2 (1)4 cm (2)75 cm²

3 82 cm²

4 (1)13 cm (2)78 cm²

解説

1 (1)平行線の錯角が等しいことと，三角形の外角は，それととなり合わない 2 つの内角の和に等しいことを用いると，角ア=74°−45°=29°

(2)角 AED=43°+38°=81° で，三角形 DEF の外角だから，角ア=角 DFE=81°−21°=60°

FG=FC だから，角 CGF=（180°−60°）÷2=60° で，三角形 DBG の外角だから，

角イ=60°−21°=39°

(3)角イ＋角ウ=46°+38°=84° だから，

角イ=角ウ=42°

また，角 C は二等辺三角形の等しいほうの角なので，

角 C=（180°−38°）÷2=71° になる。よって，

角ア=角ウ＋角 C=42°+71°=113° になる。

2 (1)三角形 DAE の面積は，

10×6÷2=30（cm²）だから，三角形 DAF の面積は，

30−10=20（cm²）

これから，10×DF÷2=20 だから，DF=4 cm

(2)三角形 DEF で，4×CE÷2=10 となるから，

CE=5 cm

よって，台形の面積は，（10+15）×6÷2=75（cm²）

3 右の図のように，それぞれの三角形を分ける。

三角形 ABC の面積は，

3×3÷2+3×3÷2=9（cm²）

三角形 DEF の面積は，

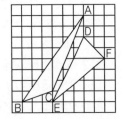

3×2÷2+3×4÷2=9（cm²）

よって，10×10−（9+9）=82（cm²）

4 (1)右の図の○の角の大きさは等しいので，三角形 EFC は CE=CF の二等辺三角形になる。よって，

FC=EC=EA=18−5=13（cm）

(2)13×12÷2=78（cm²）

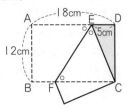

☑解答

1 (1)36° (2)ア 59° イ 25°

(3)ア 50° イ 65°

2 120 cm²

3 144 cm²

4 882 cm²

5 84 cm²

解説

1 (1)D は AC のまん中の点だから，三角形 BDC は直角二等辺三角形になる。また，右の図で三角形 BAF と三角形 BCF は合同だから，角 BAF=角 BCF

よって，角ア=63°−27°=36°

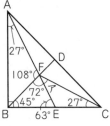

(2)三角形 ABC と三角形 DBE は合同な三角形だから，

角 ABC=角 DBE

62°の分が重なっているので，

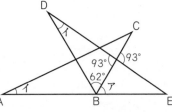

角 ABD＝角 EBC＝角ア
よって，角ア＝(180°−62°)÷2＝59°
また，角イ＝角 BDE＝180°−(62°+93°)＝25°
(3)右の図で，● は 50°，▲ は
40° だから，アは 50° である。
■の角度は等しいので，錯角か
ら ■＝イ となる。
イ＝■＝(180°−50°)÷2＝65°

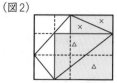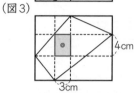

2 図のように線をひくと，求
める長方形の面積は㋐と㋑の
三角形の面積の和の2倍にな
っている。
㋐＋㋑＝10×12÷2＝60(cm²)
だから，長方形の面積は，
60×2＝120(cm²)

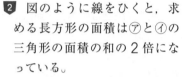

3 図のように正方形をつく
ると，色のついた部分の面
積は正方形の面積から3つ
の直角三角形の面積をひけ
ばよいことがわかる。よっ
て，面積は，
18×18−12×12÷2−18×6÷2×2
＝324−72−108＝144(cm²)

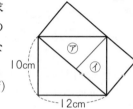

4 長方形のまわりの長さは 104 cm だから，重なって
いる台形のまわりの長さは，
104×2−168＝40(cm) となる。よって，台形の上
底＋下底の長さは，40−12−15＝13(cm) となる。
これから，図形全体の面積は，長方形2つ分−台形 で
12×40×2−13×12÷2＝882(cm²)

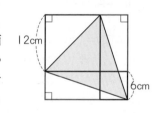

5 求める面積は，図1の○と□の直角三角形と図2の
×と△の直角三角形の面積の和から図3の◎の長方形
の面積をひけばよい。○，□，×，△の直角三角形の面
積の和は，

(12×15+3×4)÷2＝96(cm²)
したがって，96−12＝84(cm²)

(図1)　　　　　　　(図2)

(図3)

☑**解答**

1 (1)40°　(2)正八角形　(3)900°
　　(4)108°
2 (1)60°　(2)720°　(3)36 cm
3 (1)18.84 cm　(2)14.13 cm
　　(3)56.52 cm　(4)20.41 cm
4 (1)2.4 倍　(2)3 倍

解説

1 (1)360° を 9 等分するので，360°÷9＝40°
　(2)360÷45＝8 だから正八角形ができる。
　(3)□角形の内角の和＝180°×(□−2) で求められる。
　180°×(7−2)＝900°
　(4)五角形の内角の和は，180°×(5−2)＝540°
　よって，1つの内角の大きさは，540°÷5＝108°

2 (1)アは円の中心のまわりの角を 6 等分した大きさに
なるから，360°÷6＝60°
　(2)180°×(6−2)＝720°
　(3)正六角形の中にできた 6 つの三角形は，どれも正三
角形になる。
　よって，正六角形の 1 辺の長さは，半径と同じ 6 cm
になるから，6×6＝36(cm)

3 (1)6×3.14＝18.84(cm)
　(2)4.5×3.14＝14.13(cm)
　(3)9×2×3.14＝56.52(cm)
　(4)3.25×2×3.14＝20.41(cm)

4 (1)(18×3.14)÷(7.5×3.14)＝18÷7.5＝2.4(倍)
　(2)(24×2×3.14)÷(8×2×3.14)＝24÷8＝3(倍)
※3.14 をかける計算は，できるだけとちゅうでは，
しないほうが計算がしやすくなる。

上級レベル78　正多角形と円周の長さ（1）

✓解答

1 (1)正八角形　(2)4 cm
(3)① 72°　② 36°
(4)61.68 cm

2 (1)⑦ 90°　① 30°
(2)62.8 cm
(3)① 18.84 cm　② 37.68 cm

解説▶

1 (1)180×(□−2)＝1080 より，
□−2＝1080÷180＝6　よって，□＝8
(2)直径は，25.12÷3.14＝8(cm) だから，
半径は 4 cm
(3)① 360°÷5＝72°
②五角形の内角の和は，180°×(5−2)＝540°
よって，正五角形の1つの内角は 108° になる。また，
三角形 ABE は二等辺三角形だから，
角 ABE＝(180°−108°)÷2＝36°
(4)直径 12 cm の円周の長さと 12 cm の辺2つ分にな
る。
12×3.14＋12×2＝61.68(cm)

2 (1)正六角形の1つの内角は 120° になる。また，三
角形 BAC は二等辺三角形だから，
角 BCA＝(180°−120°)÷2＝30° である。よって，
⑦＝120°−30°＝90° である。
角 CDG＝60° だから，①＝90°−60°＝30°
(2)4×3.14÷2＋6×3.14÷2＋10×3.14÷2＋20
×3.14÷2＝(2＋3＋5＋10)×3.14＝62.8(cm)
(3)① 6×3.14＝18.84(cm)
② 2×3.14＋4×3.14＋6×3.14
＝(2＋4＋6)×3.14＝37.68(cm)

標準レベル79　正多角形と円周の長さ（2）

✓解答

1 (1)正十二角形　(2)27°
(3)135°　(4)ア 48°　イ 54°

2 (1)1倍　(2)80°
(3)25.12 cm　(4)125.6 cm

解説▶

1 (1)360÷30＝12 より，正十二角形。
(2)角 CDE＝108° だから，角 EDF＝108°−90°＝18°
である。また，DE＝DF だから，三角形 DEF は二等辺
三角形である。よって，
角 DEF＝(180°−18°)÷2＝81° となるので，
角 AEF＝108°−81°＝27°
(3)角アのとなりの角の大きさは，360°÷8＝45° だから，
アの角の大きさは，180°−45°＝135°
(4)右の図で，角 ABC＝108°，
角 ABD＝60° だから，
ア＝108°−60°＝48°
また，BD＝BC だから，
角 BDC＝(180°−48°)÷2＝66°
である。
よって，イ＝180°−60°−66°＝54°

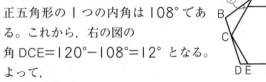

2 (1)Aは，12×3.14÷2＝6×3.14(cm)
Bは，4×3.14÷2×3＝6×3.14 だから，AとBの長
さは同じになる。
(3)円の直径は 4 cm になる。また，色のついた部分のま
わりの長さは，直径 4 cm の円の円周2つ分の長さに
なる。
4×3.14×2＝8×3.14＝25.12(cm)
(4)色のついた部分のまわりの長さは，直径 20 cm の円
の円周の長さ2つ分になる。
20×3.14×2＝40×3.14＝125.6(cm)

上級レベル80　正多角形と円周の長さ（2）

✓解答

1 (1)18°　(2)24°
(3)ア 48°　イ 30°　(4)37.68 cm

2 (1)67.5°　(2)62.8 cm
(3)54.84 cm　(4)57.12 cm

解説▶

1 (1)点OとCを結ぶと，三角形 OCE は二等辺三角形。
角 COE＝(360°÷5)×2＝144°
よって，ア＝(180°−144°)÷2＝18°
(2)正六角形の1つの内角は 120°，
正五角形の1つの内角は 108° であ
る。これから，右の図の
角 DCE＝120°−108°＝12° となる。
よって，
角 ACD＝120°＋12°＝132°
で，三角形 ABC の外角になるので，
⑦＝角 BAC＝132°−108°＝24°
(3)ア＝108°−60°＝48°
右の図で，角 ABD＝48° で，
AB＝DB だから，角 BDA＝66°
である。また，
角 BDC＝(180°−108°)÷2＝36°
だから，イ＝66°−36°＝30°

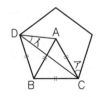

2 (3)色のついた部分を3つつけると，半径が 6 cm の
半円になる。よって，まわりの長さは，
6×2×3.14÷2＋12×3＝54.84(cm)
(4)右の図より，4つの曲線の部分をつ
けると，半径 4 cm の円周になる。
よって，
4×2×3.14＋8×4＝57.12(cm)
である。

標準レベル 81 体 積 (1)

☑解答
❶ (1) 36 cm³ (2) 588 cm³ (3) 125 cm³
❷ (1) 3000000 (2) 0.04
❸ (1) 480 cm³ (2) 6 個
❹ (1) 192000 cm³ (2) 198 m³
   (3) 460 cm³ (4) 166.25 cm³
❺ ア 6 cm イ 3 cm

解説
・直方体の体積=たて×横×高さ
・立方体の体積=1辺×1辺×1辺

❷ 1 m³=100 cm×100 cm×100 cm
=1000000 cm³
(1) 3 m³=(3×1000000) cm³=3000000 cm³
(2) 40000÷1000000=0.04 (m³)

❸ (1) 組み立てた立体は, たて 12 cm, 横 8 cm, 高さ 5 cm の直方体になるので, 12×8×5=480(cm³)
(2) 108÷(6×3×1)=6 より, 6 個分となる。

❹ 単位がちがうものがあれば, 同じ単位にそろえる。
(1) 0.8 m=80 cm より,
60×80×40=192000(cm³)
(4) 右のようにア, イ, ウの 3 つの直方体に分け, それぞれの体積を求めて合計するとよい。

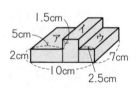

ア…7×5×2=70(cm³)
イ…横は 10−(5+2.5)=2.5(cm), たては 1.5+2=3.5(cm) となるので, 7×2.5×3.5=61.25(cm³)
ウ…7×2.5×2=35(cm³)
よって, 70+61.25+35=166.25(cm³)

❺ アは, 同じ数を 3 回かけて 216 になる数を求める。
6×6×6=216 だから, ア=6 cm
図 2 では, 12×6×イ=216 だから, イ=3 cm

上級レベル 82 体 積 (1)

☑解答
❶ (1) 432 cm³ (2) 2816 cm³
   (3) 1800 cm³ (4) 384 cm³
❷ (1) 45000 (2) 6.5
❸ (1) 96 cm³ (2) 360 cm³
   (3) 30 cm³ (4) 854 cm³

解説
❶ (2) 図の立体は, たて 16 cm, 横 20 cm, 高さ 10 cm の直方体から, たて 16 cm, 横 20−(8+6)=6(cm), 高さ 4 cm の直方体をのぞいたものになる。

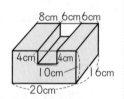

よって, 16×20×10−16×6×4=2816(cm³)
(3) 右のようにア, イ, ウの 3 つに分けて, それぞれの体積を求めて合計するとよい。

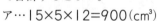

ア…15×5×12=900(cm³)
イ…15×5×8=600(cm³)
ウ…15×5×4=300(cm³)
900+600+300=1800(cm³)
(4) 正方形の面積は対角線×対角線÷2 で求められるので,
8×8÷2×12=384(cm³)

❸ (1) 右の図で, アの辺が重なるので, イの辺の長さは 7−4=3(cm) となる。組み立ててできる立体は, たて 8 cm, 横 4 cm, 高さ 3 cm の直方体になるので, 体積は,
8×4×3=96(cm³)

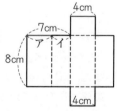

(3) 立方体の個数は, 上のだんから 1, 4, 9, 16 個だから, 全部で 1+4+9+16=30(個) ある。1 個の体積は 1 cm³ だから, 全体の体積は 30 cm³ である。

(4) たてに 3 つに分けて, それぞれの体積を求める。
7×6×10+7×5×6+7×4×8=854(cm³)

標準レベル 83 体 積 (2)

☑解答
❶ (1) 384 cm³ (2) 560 cm³
❷ (1) 2 (2) 3500
❸ (1) 3.276 L (2) 1224 cm³
❹ (1) 5.4 L (2) 2 cm (3) 710 cm³
❺ (1) 7.5 cm (2) 9.6 分後

解説
❶ (1) 厚さが 2 cm だから, 内のりは, たて 6 cm, 横 16 cm, 高さ 4 cm となる。よって, 容積は,
6×16×4=384(cm³)
(2) 厚さが 1 cm だから, 内のりは, たて 10 cm, 横 8 cm, 高さ 7 cm となる。
よって, 容積は, 10×8×7=560(cm³)

❷ 1 L=1000 cm³, 1 dL=100 cm³
(1) 2000÷1000=2(L)
(2) 3.5×1000=3500(cm³)

❸ (1) 厚さが 1 cm だから, 内のりは, たて 13 cm, 横 28 cm, 高さ 9 cm となる。よって, 容積は,
13×28×9=3276(cm³)→ 3.276 L
(2) 直方体全体の体積から, 容積をひく。
15×30×10−3276=1224(cm³)

❹ (1) 20×18×15=5400(cm³)→ 5.4 L
(2) 30×30×深さ=1.8(L)→ 1800 cm³ だから,
深さ =1800÷(30×30)=2(cm)
水の深さは, 体積÷底面積 で求められる。
(3) 厚さが 2 cm だから, 内のりは, たて 5 cm, 横 7 cm, 高さ 8 cm となる。よって, 容積は,

5×7×8＝280（cm³）

また，直方体全体の体積は，9×11×10＝990（cm³）

だから，木の板の体積は，

990−280＝710（cm³）

❺ (1) 5dL＝500 cm³ である。6 分後に入った水の体積

は，500×6＝3000（cm³）である。よって，水の深さ

は，3000÷（16×25）＝7.5（cm）となる。

(2)容器の容積は，16×25×12＝4800（cm³）だから，

1 分間に 500 cm³ ずつ入れていくと，

4800÷500＝9.6（分）後にいっぱいになる。

上級レベル 84 体 積 （2）

☑解答

❶ (1) 1056 cm³ (2)① 600 cm³ ② 4 cm

　　(3) 15 cm

❷ (1) 10.5 L (2) 6300 cm³

　　(3) 15.75 cm

❸ (1) 6 cm (2) 13.28 cm

解説

❶ (1)水中に物をしずめると，しずめた物の体積と同じ体

積分だけ水面が上がる。

水面が下がった分の水の体積と石の体積が等しくなる。

水面は，18−13.6＝4.4（cm）下がったので，その分

の水の体積は，16×15×4.4＝1056（cm³）となり，

これが石の体積となる。

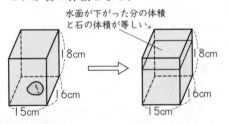

水面が下がった分の体積
と石の体積が等しい。

---

(2)① 10×10×3＋10×5×6＝300＋300＝600（cm³）

② 10×15×深さ＝600（cm³）となるので，

深さ＝600÷（10×15）＝4（cm）になる。

(3)容器に入っている水の体積は，

5×12×10＝600（cm³）である。よって，面ＡＥＦＢ

を底面にしたとき，水の体積は，ＡＥ×5×8＝600 と

なるので，これから，ＡＥ＝600÷（5×8）＝15（cm）

❷ (1)容器のたては，50−10×2＝30（cm），横は，

55−10×2＝35（cm），高さは 10 cm となる。

よって，容積は，

30×35×10＝10500（cm³）→ 10.5 L

(2)水を入れたときのようす

は，右の図のようになるの

で，水の体積は，

30×35×6＝6300（cm³）

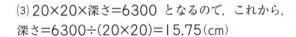

(3) 20×20×深さ＝6300 となるので，これから，

深さ＝6300÷（20×20）＝15.75（cm）

❸ (1) 5 分間に入る水の量は，720×5＝3600（cm³）で

ある。よって，30×20×深さ＝3600 より，

深さ＝3600÷（30×20）＝6（cm）

(2)右の図のように，しずめたおも

りの体積と同じ体積だけ，水面が

上がる。おもりの体積は，

12×8×8＝768（cm³）だから，

上がった分の水の体積も

768 cm³ である。よって，

30×20×深さ＝768 より，水面が上がった高さは，

768÷（30×20）＝1.28（cm）となる。

また，10 分後には，（720×10）÷（30×20）＝12（cm）

の深さになっているので，おもりをしずめたときの深さ

は，12＋1.28＝13.28（cm）

標準レベル 85 体 積 （3）★

☑解答

❶ (1) 54000 cm³ (2) 13 分 30 秒後

❷ (1) 0.8 L (2) 1 L (3) 42 cm

❸ (1) 8 cm (2) 200 cm³

　　(3)ア 18 イ 45 (4) 16 cm

解説

❶ (1)右の図のように 2 つに

分けて求める。

アは，30×20×30

＝18000（cm³）

イは，30×30×40＝36000（cm³）

だから，18000＋36000＝54000（cm³）

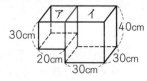

(2) 54000 cm³ の水を入れるのに，1 分間に

4 L＝4000 cm³ ずつ入れていくので，

54000÷4000＝13.5（分）かかる。0.5 分＝30 秒

だから，13 分 30 秒後。★

❷ (1)グラフより，15 分間で深さが 24 cm になってい

るので，15 分間で入った水の体積は，

20×25×24＝12000（cm³）である。よって，1 分間

では，12000÷15＝800（cm³）→ 0.8 L

(2)ＡとＢの両方を開いていたのは 10 分間で，その間に

水面が 60−24＝36（cm）上がっている。この分の水

の体積は，20×25×36＝18000（cm³）である。よっ

て，1 分間では，18000÷10＝1800（cm³）→ 1.8 L

となる。Ａから 0.8 L 入っているので，Ｂからは，1 L

入ったことになる。

(3)ＡとＢの両方を開いて，10 分間で 36 cm 上がった

ので，1 分間では，36÷10＝3.6（cm）水面が上がる。

5 分間では，3.6×5＝18（cm）上がることになる。よ

って，20 分後の深さは，24＋18＝42（cm）

❸ (1)グラフより，12 分後から水面が上がっていないの

て，このときの水の深さが板の高さとなる。よって，
8 cm

(2)12分間で8cmの深さになったので，入った水の体積は，15×20×8=2400(cm³) である。よって，1分間では，2400÷12=200(cm³) 入ったことになる。

(3)アは，Bの部分に8cmの深さまで入ったときの時間になる。15×10×8=1200(cm³) の水が入るためには，1200÷200=6(分) かかるので，ア=12+6=18
水そうの容積は，15×30×20=9000(cm³) だから，毎分200cm³ずつ入れていくと，いっぱいになるまでに，9000÷200=45(分) かかる。よって，イ=45

(4)36分間で200×36=7200(cm³) の水が入るので，これを水そうの底面積15×30=450(cm²) でわると高さがわかる。7200÷450=16(cm)

上級 レベル 86 体 積 (3)★

☑解答

1 (1)1200 cm³ (2)8 cm
2 (1)20 L (2)66分40秒後
3 (1)8 (2)900 cm³ (3)12 cm (4)6 cm

解説

1 (1)グラフより，2分後から8分後の6分間で水面が8cm上がっている。よって，この間に入った水の体積は，30×30×8=7200(cm³) である。1分間では，7200÷6=1200(cm³) 入る。

(2)グラフから，だんの高さは10cmとわかる。2分間で10cmの深さまで入っているので，そのときの水の体積は，1200×2=2400(cm³) である。よって，30×AB×10=2400 より，AB=8cm となる。

2 (1)グラフより，40分間で800L入っていることがわかる。よって，1分間では，800÷40=20(L) 入る。

---

(2)AとBを開くと，20分間で800L水が減っている。この間，Aからは 20×20=400(L) 入っているのでBから水が1200L出ていったことになる。つまり，Bからは1分間に，1200÷20=60(L) ずつ出ていくことになる。1秒間で1Lずつ出ていくので，60分後から先，400Lの水がなくなるためには，400秒＝6分40秒 かかる。

3 グラフが折れている点に注目する。
次の図のように，①〜⑤の順番で水が入っていく。

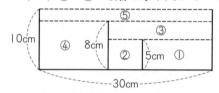

グラフから①の部分には0〜2分の間，②の部分には2〜3分の間水が入っていることがわかる。

(1)8cmの仕切りまで水が入ったときである。

(2)水そうがいっぱいになるまで，10分かかっている。また，水そうの容積は，30×30×10=9000(cm³) だから，1分間に，9000÷10=900(cm³) 入ることになる。

(3)グラフから，5cmの仕切りの上まで水が入るのに2分かかっている。よって，
30×ア×5=900×2 より，ア=12cm

(4)グラフから，まん中の部分で，水が5cmの深さまで入るのに，1分かかっていることがわかる。よって，
30×イ×5=900 より，イ=6cm となる。

標準 レベル 87 角柱と円柱

☑解答

1

立体の名前	ア	イ	ウ	エ
	三角柱	四角柱	五角柱	六角柱
頂点の数	6	8	10	12
辺の数	9	12	15	18
面の数	5	6	7	8

2 16
3 (1)円柱 (2)平行
4 (1)三角柱 (2)辺 DC
(3)12 cm (4)648 cm²
5 (1)20 cm (2)1130.4 cm² (3)9 cm

解説

1 上下の2つの面が平行で合同な多角形になっていて，側面がすべて長方形の立体を角柱という。
頂点の数，辺の数，面の数には，次のような関係も成り立つ。
・□角柱の頂点の数 ＝□×2(個)
・□角柱の辺の数 ＝□×3(本)
・□角柱の面の数 ＝□+2(面)

2 見ただけで全体のおよその形がわかる図形を見取図という。
上の面の頂点が8個あるので，この立体は，八角柱である。頂点は，上下合わせて16個ある。

3 (1)底面が円なので円柱である。
(2)上下の2つの合同な円は平行になっている。

4 (1)3つの長方形と2つの三角形からできているので，三角柱になる。
(3)組み立てたとき，辺ABは，辺CBと重なる。辺CB＝辺HIだから，12cmである。
(4)側面は長方形AEFJになる。辺JIは辺HIと重なるので12cm，辺GFは辺GHと重なるので9cmであ

159

る。これから，長方形 AEFJ のたての長さは，36 cm
となる。よって，側面の面積は，
36×18＝648（cm²）

❺ (2)円柱の側面は長方形，底面は円である。側面の長方
形の面積は，56.52×20＝1130.4（cm²）
(3)56.52 cm が底面の円周と等しいので，
直径×3.14＝56.52 より，直径は 18 cm である。よ
って，半径は 9 cm

上級 レベル88 角柱と円柱

◪解答
❶ (1)四角柱　(2)104 cm²　(3)528 cm²
❷ (1)43.4 cm　(2)94.2 cm²
❸ (1)四角柱　(2)19.5 cm²　(3)120 cm²
❹ (1)5 cm　(2)471 cm²

解説
❶ (1)底面が台形の四角柱である。
(2)底面は台形だから，(10+16)×8÷2＝104（cm²）
(3)側面の展開図は右の
ようになるので，側面
の面積は，

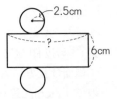

12×(10+10+16+8)＝528（cm²）
※角柱や円柱の側面の長方形のたて，横の長さは，底面
のまわりの長さと高さになる。

❷ (1)この円柱の展開図は右のよ
うになる。
側面の長方形の横は底面の円周
と等しいので，
2.5×2×3.14＝15.7（cm）

となる。よって，まわりの長さは，
(15.7+6)×2＝43.4（cm）
(2)15.7×6＝94.2（cm²）

❸ (1)展開図を組み立てた立
体は右の図のようになる。
これから，底面が台形（色
のついた部分）の四角柱
である。

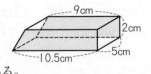

(2)底面は，上底，下底が 10.5 cm と 9 cm，高さが
2 cm の台形だから，(10.5+9)×2÷2＝19.5（cm²）
(3)側面は右の図の色のついた部分にな
る。これを合わせると長方形になり，
たての長さが，
2.5+9+2+10.5＝24（cm）
横の長さは 5 cm だから，面積は，
24×5＝120（cm²）

❹ (1)35−15＝20（cm）が円の直径 2 つ分になるから，
底面の円の直径は 10 cm である。よって，半径は
5 cm である。
(2)側面は展開図の長方形になる。展開図の長方形のたて
の長さは，底面の円周の長さと等しいので，
10×3.14＝31.4（cm）である。よって，側面の面積
は，31.4×15＝471（cm²）
※角柱や円柱の側面は長方形となり，その面積は，
底面のまわりの長さ×高さ
で求めることができる。

---

89 最上級レベル ⑪

◪解答
❶ (1)112.5°
(2)900°
❷ (1)15.42 cm
(2)109.68 cm
❸ 39 cm³
❹ 72 cm³
❺ $\frac{1}{6}$ cm

解説
❶ (1)正八角形の 1 つの内角の大き
さは，180°×(8−2)÷8＝135° で
ある。右の図で，三角形 ABC は二
等辺三角形なので，
角 BAC＝(180°−135°)÷2
＝22.5°
また，四角形 ABGH で，角 ABG＝角 HGB なので，
角 ABG＝(360°−135°×2)÷2＝45° である。

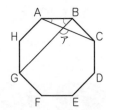

三角形の内角の和は 180° だから，
角ア＝180°−22.5°−45°＝112.5°
(2)右の図で，角 AOH は円を 9
等分した 2 つ分なので，
360°÷9×2＝80°
また，角 OAH は，二等辺三角形
の性質より，
(180°−80°)÷2＝50°

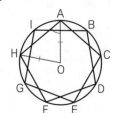

よって，この図形の 1 つの角は 50°×2＝100° とな
り，これが 9 個あるので，求める角の和は 900° であ
る。

❷ (1)曲線 OC と曲線 BC は長さが等しいので，求める
長さは，OA と曲線 AB の和である。
6+6×2×3.14÷4＝6+9.42＝15.42（cm）

(2)右の図のような線を考えると，太線の１つの直線の部分の長さは，半径４つ分で，24 cm である。また，3つの曲線の部分を合わせると，半径６cm の円の円周となる。よって，太線のまわりの長さは，12×3.14+24×3＝109.68(cm) となる。

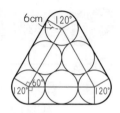

3 取りのぞく立方体はいちばん上の面が 12 個，2 だん目が 7 個，3 だん目と 4 だん目は 3 個ずつなので，合計で，12+7+3+3＝25(個) になる。よって，残りは 64−25＝39(個) だから，求める体積は 39 cm³ である。

4 右の図のような立体で，その体積は１個 8 cm³ の立方体が 9 個あるので，8×9＝72(cm³)

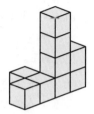

5 おもりの体積と同じ体積の水の分だけ水面が上がる。おもりの体積は，5×2×2＝20(cm³) だから，20÷(12×10)＝$\frac{1}{6}$(cm) だけ水面が上がる。

90 最上級レベル⑫

☑解答
1 (1)15 本 (2)外側 60.56 cm 内側 32 cm
2 (1)4000 cm³ (2)11 cm
3 (1)20 cm (2)672 L
　　(3)48 L (4)16 L

解説
1 (1)360÷24＝15 より，正十五角形ができる。

---

(2)外側を１周するときは，図のように中心 O は移動する。よって，その移動きょりは，2×2×3.14+12×4＝12.56+48＝60.56(cm)
内側を移動するときは，図の点線のように中心 O は移動する。よって，その移動きょりは，8×4＝32(cm)

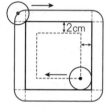

2 (1)上側と下側の２つに分けて考える。
20×20×8+20×5×8＝3200+800＝4000(cm³)
(2)4000−3500＝500(cm³) が水の入っていない部分になる。5×20×高さ＝500 より，高さは 5 cm で，上から 5 cm のところまで水が入っていない。よって，底からの深さは，16−5＝11(cm)

3 (1)グラフが折れた点から 20 cm とわかる。
右の図のように，①～③の順番で水が入っていく。
①水道Aから，0～2 分間入れて，深さ 20 cm
②水道Aから，2～6 分間入れて，深さ 40 cm
③6～18 分間は，水道Aから入れると同時に，はいすいこうBから出る

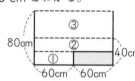

(2)全体からこしかけの部分をひく。
120×80×80−60×80×20＝672000(cm³)
→ 672 L
(3)こしかけのところまでの体積は，
60×80×20＝96000(cm³) → 96 L である。これが 2 分間で入っているので，1 分間では，48 L となる。
(4)水面が 40 cm のところから上の部分の体積は，
120×80×40＝384000(cm³) → 384 L となる。グラフから，AとB合わせて，12 分間で 384 L が入ったことになる。この間，Aからは，48×12＝576(L) 入っているので，Bから，576−384＝192(L) が出たことになる。よって，Bから 1 分間に出ていく水の量は，192÷12＝16(L) となる。

標準レベル 91 文章題特訓（1）（分配算）

☑解答
❶ (1)105 cm (2)900 円
　　(3)1800 円 (4)490 円
❷ (1)8 (2)31 個 (3)56 個
　　(4)290 円 (5)1400 円

解説
❶ (1)切ったリボンを長いほうからA，B，C，Dとすると，右の図より，

360+10+20+30＝420(cm) がAの４つ分になるので，Aの長さは，420÷4＝105(cm)
(2)右の図より，2000+300+400＝2700(円) がAの３つ分になるので，Aは，2700÷3＝900(円)

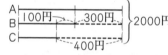

(3)右の図より，Cのお金を①とすると，⑥が3600円になるので，Cは，3600÷6＝600(円) である。よって，Aは，600×3＝1800(円) である。

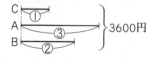

(4)右の図より，Bの金額を①とすると，600−50＝550(円) が⑤になるので，Bは，550÷5＝110(円) である。よって，Aは 600−110＝490(円)

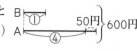

❷ (1)右の図より，小さいほうの数を①とすると，21+3＝24 が③になるので，小さいほうの数は，24÷3＝8
(2)右の図より，95+6+10＝111(個)

が B の 3 つ分になるので，B の個数は，
111÷3＝37（個）である。
よって，A は，37－6＝31（個）
(3) 右の図より，36＋4＝40
（個）が②になるので，妹の個
数は 40÷2＝20（個）である。
よって，姉の個数は 20＋36＝56（個）

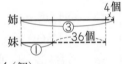

(4) 右の図より，
1200－260－70＝870
（円）が C の 3 つ分にな
るので，C は，870÷3＝290（円）
(5) 右の図より，
1000－200＝800（円）が
②になるので，B は，
800÷2＝400（円）である。よって，A は，
400＋1000＝1400（円）

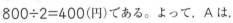

上級 レベル 92　文章題特訓 (1) (分配算)

☑解答

❶ (1)1120円　(2)3400円
　(3)370円　(4)60°
❷ (1)55　(2)12個　(3)46個
❸ (1)1300円　(2)3500円

解説
❶ (1) B の金額を①とすると，A は④，C は②となり，
合わせた⑦が 1960円になるので，B の金額は，
1960÷7＝280（円）である。よって，A の金額は，
280×4＝1120（円）
(2) C の金額を①とすると，B は②，A の金額に 200
円を加えた金額が ②×1.5＝③ となる。よって，
7000＋200＝7200（円）が⑥にあたるので，C の金
額は，7200÷6＝1200（円）

A は，1200×3－200＝3400（円）
(3) B の金額を①とすると，
1230－70＋40＝1200（円）が⑧となる。
よって，B の金額は，1200÷8＝150（円）だから，A
は，150×2＋70＝370（円）
(4) B の角度を①とすると，C の角度は②，A の角度か
ら 20° をひいたものが①となる。
よって，180°－20°＝160° が④になるので，B は，
160°÷4＝40° である。
よって，A は，40°＋20°＝60°

❷ (1) C を①とすると，B は②，A に 5 を加えた数が ②
×1.5＝③ となる。よって，115＋5＝120 が⑥にな
るので，C は，120÷6＝20 である。よって，A は，
20×3－5＝55
(2) B の個数を①とすると，
右の図より，50－4－10＝
36（個）が⑥になるので，B
は，36÷6＝6（個）である。
よって，C は，6×2＝12（個）

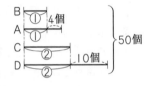

(3) A を①とすると，右の図
より，154－7－4＝143
（個）が5.5になるので，
A は，143÷5.5＝26（個）
である。よって，B は，26×1.5＋7＝46（個）

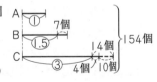

❸ (1) 下の図より，1400－100＝1300（円）

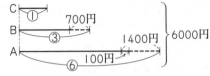

(2) 6000＋700＋1300＝8000（円）が⑩になるので，
C のおこづかいは，8000÷10＝800（円）である。よ
って，A のおこづかいは，
800×6－1300＝3500（円）

標準 レベル 93　文章題特訓 (2) (消去算)

☑解答

❶ (1)80円　(2)30円
　(3)700円　(4)80円
　(5)サインペン 115円，画用紙 80円
❷ (1)170円　(2)50円　(3)120円
　(4)5600円

解説
❶ (1) 消しゴム 1 個のねだんを□，え
ん筆 1 本のねだんを①とすると，右
のような関係になる。

□＋③＝390
□＋⑥＝630
③＝240

えん筆 3 本が 240円になるので，えん筆 1 本は 80
円である。
(2) ノート 1 さつのねだんを□，え
ん筆 1 本のねだんを①として，ノ
ートの数をそろえると，右のような
関係になる。

2倍
□＋⑧＝300
②＋⑥＝300
②＋⑯＝600
⑩＝300

えん筆 10 本が 300円になるので，えん筆 1 本は 30
円である。
(3) 大人 1 人の入場料を
□，子ども 1 人の入場
料を①として，子どもの
数をそろえると，右のよ
うな関係になる。

5倍
②＋①＝　3200 ……⑦
③＋⑤＝　7250 ……⑦
⑩＋⑤＝16000 ……⑦
⑦　＝　8750

大人 7 人が 8750円だから，大人 1 人は 1250円で
ある。⑦の式より，子ども 1 人は 700円である。
(4) タオル 1 まいのねだ
んを□，せっけん 1 個
のねだんを①として，タ
オルの数をそろえると，
右のような関係になる。よって，せっけん 1 個は 80
円である。

2倍
②＋③＝　700 ……①
③＋④＝1010 ……②
⑥＋⑨＝2100 ……③
⑥＋⑧＝2020 ……④
①＝　80

3倍

(5) サインペン１本のね
だんを①，画用紙１ま
いのねだんを①として，
画用紙の数をそろえると，
右のような関係になる。

$$\begin{array}{l}⑩+⑦=1710 \cdots\cdots⑦ \\ ⑦+④=1125 \cdots\cdots① \end{array}\Big\}4倍$$
$$7倍\Big\{\begin{array}{l}㊵+㉘=6840 \cdots\cdots⑤ \\ ㊾+㉘=7875 \cdots\cdots㊤ \\ \hline ⑨=1035 \end{array}$$

サインペン９本が1035円になるので，サインペン１
本は，115円である。⑦の式より，画用紙１まいは
80円である。

❷ (4) アイス１個のねだんを①，
ジュース１本のねだんを①と
して，ジュースの数をそろえる
と，右のような関係になる。

$$5倍\Big\{\begin{array}{l}⑦+③=1230 \\ ③+⑤=1010 \end{array}$$
$$\begin{array}{l}㉟+⑮=6150 \\ ⑨+⑮=3030 \\ \hline ㉖=3120 \end{array}\Big\}3倍$$

アイス26個が3120円になるので，アイス１個は，
120円である。これから，ジュース１本は130円と
なる。よって，120×25+130×20=5600（円）

上級レベル94 文章題特訓（2）（消去算）

☑解答

❶ (1) 65円　(2) 270円　(3) 75円
(4) ノート105円，えん筆30円

❷ (1) 1500円　(2) 100円　(3) 600円
(4) 120円　(5) 3800円

解説

❶ (1) りんご１個のねだんを①，
なし１個のねだんを①として，
りんごの数をそろえると，右の
ような関係になる。

$$9倍\Big\{\begin{array}{l}⑦+⑤=920 \\ ⑨+⑦=1220 \end{array}\Big\}7倍$$
$$\begin{array}{l}㊵+㊺=8280 \\ ㊿+㊾=8540 \\ \hline ④=260 \end{array}$$

なし４個が260円になるので，なし１個は65円で
ある。

(3) りんご１個のねだんを①，みか
ん１個のねだんを①として，りん
ごの数をそろえて，③のかわりに，

$$3倍\Big\{\begin{array}{l}③+⑤=375 \\ ①=①+45 \\ ③=③+135 \end{array}$$

③+135を使うと，
③+135+⑤=375　⑧=240
みかん８個が240円になるので，みかん１個は30
円である。これから，りんご１個は75円となる。

(4) ノート１さつのねだんを①，
えん筆１本のねだんを①として，
ノートの数をそろえて，⑩のかわ
りに，㉟を使うと，㉟+⑧=1290
えん筆43本が1290円になるので，えん筆１本は
30円である。これから，ノート１さつは105円とな
る。

$$5倍\Big\{\begin{array}{l}⑩+⑧=1290 \\ ②=⑦ \\ ⑩=㉟ \end{array}$$
㉟+⑧=1290　㊸=1290

❷ (3) 大人１人の入館料を①，子
ども１人の入館料を①として，
大人の数をそろえて，②のかわり
に，②+1400を使うと，②+1400+⑤=5600
⑦=4200
子ども７人分が4200円になるので，子ども１人の入
館料は600円である。

$$2倍\Big\{\begin{array}{l}②+⑤=5600 \\ ①=①+700 \\ ②=②+1400 \end{array}$$

(4) バニラ１つのね
だんを①，チョコ１
つのねだんを①，ミ
ント１つのねだんを△とする。上の式から，
2×(①+①+△)=900（円）となるので，
①+①+△=450（円）である。
①+△=330（円）だから，バニラ１つは，
450-330=120（円）

$$\begin{array}{l}③+③=900 \rightarrow ①+①=300 \\ ④+△=1320 \rightarrow ①+△=330 \\ ⑤+△=1350 \rightarrow ①+△=270 \end{array}$$

(5) バット１本のねだんを①，ボ
ール１個のねだんを①として，
①のかわりに，⑥-400を使う
と，⑥-400+②=5200，⑧=5600
ボール８個が5600円になるので，ボール１個は
700円である。これから，バット１本は3800円と
なる。

$$\begin{array}{l}①+②=5200 \\ ①=②×3-400 \\ ①=⑥-400 \end{array}$$

標準レベル95 文章題特訓（3）（つるかめ算）

☑解答

❶ (1) 7羽　(2) 9本　(3) 6個
(4) 23箱　(5) りんご14個，なし6個

❷ (1) 11羽　(2) 16本　(3) 6個
(4) 75本　(5) 6個

解説

❶ (1) つるの数が１羽増えると足が２本増え，かめの数
が１ぴき減ると足が４本減る。このことから，つるが
１羽増えて，かめが１ぴき減ると，足の数の合計は
4-2=2（本）減ることになる。10ぴき全部がかめだ
とすると，足の数の合計は，4×10=40（本）になる。
そこから，つるが１羽増える（逆に，かめは１ぴき減
る）ごとに足の数の合計は，２本ずつ減ることになる。
足の数の合計が26本なので，40-26=14（本）減ら
せばよいことがわかる。よって，つるの数は，
14÷2=7（羽）

(2) 12本全部がボールペンだとすると，金額の合計は，
90×12=1080（円）になる。はらった金額が630円
だから，1080-630=450（円）減らせばよいことが
わかる。よって，えん筆の数は，
450÷(90-40)=9（本）

(3) 15個全部があめだとすると，金額の合計は，
20×15=300（円）になる。はらった金額が480円
だから，480-300=180（円）増やせばよいことがわ
かる。よって，クッキーの数は，
180÷(50-20)=6（個）

(4) 45箱全部が20個入りの箱だとすると，
20×45=900（個）になる。箱に入れたたまごが
1000-8=992（個）であることから，24個入りの箱
は，(992-900)÷(24-20)=23（箱）

(5) りんごだけを20個買うと，2000円との差は，

2000−(90×20)=200(円)

りんごを1個減らしてなしを1個増やすたびに合計金額は 120−90=30(円) ずつ増えるので，なしの個数は，200÷30=6.66… より6個となる。このとき，りんごは 20−6=14(個)

❷ (1)25ひき全部かめだとすると，足の数の合計は 4×25=100(本) となる。よって，つるの数は，(100−78)÷(4−2)=11(羽)

(4)代金は 10000−2500=7500(円) である。100本全部ペンだとすると，代金は 12000円になるので，えん筆の数は，(12000−7500)÷(120−60)=75(本)

(5)代金の合計は，3000−300=2700(円) である。9個全部が 500円のケーキだとすると，代金は 500×9=4500(円) になるので，200円のケーキの個数は，(4500−2700)÷(500−200)=6(個)

文章題特訓 (3)（つるかめ算）

☑解答

❶ (1)200点 (2)37題
❷ (1)10歩 (2)14回
❸ (1)75500円 (2)13個
❹ (1)12回 (2)8個
　　　(3)2010円 (4)32個

解説

❶ (1)10×30−5×20=200(点)

(2)50題全部正解だと，得点は，10×50=500(点) である。ここで，1題正解したときと1題まちがえたときの差は，10+5=15(点) となる。よって，500−305=195(点) 減らせばいいので，まちがった数は，195÷15=13(題) である。よって，正解した数は37題となる。

❷ (1)2×14−3×6=10(歩) うしろにいる。

(2)20回全部勝ったとすると，3×20=60(歩) 進むことになる。勝ったときと負けたときの差は，3+2=5(歩) だから，負けた回数は，(60−30)÷5=6(回) である。よって，勝ったのは14回である。

❸ (1)400×195−500×5=75500(円)

(2)もらえるお金は，1個こわすごとに 400+500=900(円) 減るので，こわした個数は，(80000−68300)÷900=13(個)

❹ (1)増えた得点は56点である。全部当たったとすると 8×20=160(点) 増える。よって，はずれた回数は，(160−56)÷(8+5)=8(回) である。よって，当たった回数は，12回となる。

(2)全部運んだとすると，5×600=3000(円) もらえる。よって，わってしまったコップの数は，(3000−1920)÷(130+5)=8(個)

(3)全部50円こう貨だとすると，重さは，4×77=308(g) となる。よって，10円こう貨のまい数は，(331−308)÷(4.5−4)=46(まい) 50円こう貨は31まいとなる。よって，合計金額は，50×31+10×46=2010(円)

(4)全部ガムのとき，代金の差は，50×48−60×0=2400(円) である。ガムを1個減らし，クッキーを1個増やすごとに，代金の差は，50+60=110(円) ずつちぢまるので，2400−640=1760(円) をちぢめるには，クッキーを 1760÷110=16(個) ガムと入れかえればよいことになる。

よって，ガムは 48−16=32(個)

文章題特訓 (4)（過不足算）

☑解答

❶ (1)60個 (2)640円 (3)45きゃく
　　(4)380円 (5)15個
❷ (1)10人 (2)13人 (3)29個
　　(4)241本 (5)77人

解説

❶ (1)面積図を利用して考える。右の図は，長方形のたてを人数，横を配る個数として，長方形の面積がみかんの個数を表したものである。図から，3個ずつ配ったときと5個ずつ配ったときの個数の差は，15+15=30(個) である。1人に2個ずつの差が出るので，配った人数は，30÷2=15(人) となる。よって，みかんの個数は，3×15+15=60(個)

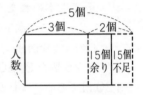

(2)5さつ買ったときと9さつ買ったときのねだんの差は，240+80=320(円) である。4さつの差が320円だから，ノートのねだんは，320÷4=80(円) となる。よって，持っていたお金は，80×5+240=640(円)

(3)4人ずつすわると15人が余り，5人ずつすわると長いすにすわる人数が 5×6=30(人) 足りないということになる。よって，4人ずつすわったときと5人ずつすわったときの人数の差は，15+30=45(人) である。1きゃくに1人ずつの差が出るので，長いすの数は，45÷1=45(きゃく)

(4)右の図から，5円ずつ集めたときと8円ずつ集めたときのお金の差は，アの部分の 155−20=135(円) である。1人に3円ずつの差

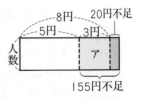

が出るので，集めた人数は，135÷3＝45（人）となる。

本のねだんは，5×45＋155＝380（円）

(5)右の図から，10個ずつ配ったときと12個ずつ配ったときの個数の差は，アの部分の30−18＝12（個）である。1人に配る個数の差は2個だから，配った人数は，12÷2＝6（人）となる。みかんの個数は，10×6＋30＝90（個）だから，90÷6＝15（個）ずつ配ればよいことになる。

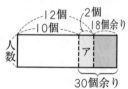

2 1 と同じ考え方で解いていく。

(3)配った人数は，（5＋3）÷（4−3）＝8（人）である。よって，りんごの個数は，3×8＋5＝29（個）

(4)配った人数は，（4＋31）÷（7−1）＝35（人）である。よって，えん筆の本数は，6×35＋31＝241（本）

(5)7人ずつすわると14人が足りなくなるので，長いすの数は，（12＋14）÷（7−2）＝13（きゃく）である。よって，子どもの人数は，5×13＋12＝77（人）

上級レベル 98 文章題特訓 (4) (過不足算)

☑解答
1 (1) 9 人　(2) 26 さつ　(3) 60 まい
　　(4) 242 人　(5) 125 人
2 (1) 284 まい　(2) 67 人
　　(3) 7 ふくろ　(4) 8 人　(5) 234 本

解説
1 (1) 3 個ずつと 5 個ずつ配ったときの個数の差が 18 個だから，配った人数は，18÷2＝9（人）となる。

(2) 3 さつずつ配ると，1 さつ足りないということなので，配った人数は，（1＋8）÷（3−2）＝9（人）本の数は，2×9＋8＝26（さつ）

(3) 4 人分の差が 40 まいだから，1 人に配るまい数は，40÷4＝10（まい）である。

よって，まい数は，10×6＝60（まい）

(4)長いすの数は，（56＋6）÷（4−3）＝62（きゃく）である。よって，人数は，3×62＋56＝242（人）

(5) 1 部屋 7 人ずつにしたときは，6 人の部屋で 1 人，空き部屋 2 つで 14 人の合わせて 15 人足りないということになる。よって，部屋の数は，(5＋15)÷(7−6)＝20（部屋）となり，子どもは 6×20＋5＝125（人）

2 (1) 40 まいずつ入れると 4 まい余り，45 まいずつ入れると 31 まい足りないということである。よって，箱の数は，(4＋31)÷(45−40)＝7（箱）となる。よって，クッキーの数は，40×7＋4＝284（まい）

(2) 7 人ずつすわると 4 人がすわった長いすで 3 人，余った 1 きゃくで 7 人の合わせて 10 人が足りないということである。よって，長いすの数は，(12＋10)÷(7−5)＝11（きゃく）だから，人数は，5×11＋12＝67（人）

(3) 7 個ずつ配ると 21 個余るということなので，子どもの人数は，(15＋21)÷(9−7)＝18（人）よって，キャンディーの個数は，18×9−15＝147（個）。1 ふくろにキャンディーは 21 個入っているから，147÷21＝7（ふくろ）

(4)子どもの人数は，(44＋不足分)÷(13−7)となる。不足する個数は，1〜13 個が考えられるが，(44＋不足分)が 6 でわり切れないといけないので，考えられる不足分は，4 個か 10 個である。4 個のときの人数は 8 人で，個数は 7×8＋44＝100（個）で 12 個ずつ 8 人に配れる。10 個のときの人数は 9 人で，個数は 7×9＋44＝107（個）で 12 個ずつ 9 人に配れない。よって，子どもの人数は 8 人。

(5)全員に 11 本ずつ配ったとすると，はじめの 12 人で 12 本，残りの人で 2 本の合わせて 14 本余る。よって，配った人数は，(14＋26)÷(13−11)＝20（人）だから，えん筆の本数は，13×20−26＝234（本）

標準レベル 99 文章題特訓 (5) (差集め算)

☑解答
1 (1) 18 本　(2) 540 円　(3) 12 人
　　(4) 192 題　(5) 900 円
2 (1) 2100 円　(2) 168 m　(3) 30 個
　　(4) 7 個

解説
1 (1)ボールペンとサインペン 1 本ずつで 20 円の差ができる。右の図より，この 20 円が何本分か集まって 360 円になったということだから，本数は，360÷20＝18（本）

(2)右の図より，りんごとみかんを同じ個数買ったときには，1 個の差 60 円が集まって，30×12＝360（円）になる。よって，りんごの個数は，360÷60＝6（個）だから，お金は，90×6＝540（円）

(4)右の図より，12 題ずつ解いた日数と同じ日数だけ 8 題ずつ解いたとき，8×8＝64（題）残るということだから，1 日 4 題ずつの差が集まって 64 題になる。よって，12 題ずつ解いた日数は，64÷4＝16（日）だから，問題は，12×16＝192（題）

(5)右の図より，1 本の差 20 円が集まって，180 円になるので，買った本数は，180÷20＝9（本）である。よって，用意したお金は，100×9＝900（円）

2 (2) 12 m おきと 8 m おきに立てると，最小公倍数の

165

24mおきにかさなる。24mの間に12mおきでは2本，8mおきでは3本立つので，24mにつき差が1本となる。よって，まわりの長さは，24×7＝168（m）

(3)右の図のように，りんごを毎日3個ずつ食べるとすると，2個ずつの差が集まって，12個となるので，みかんを5個ずつ食べた日数は12÷2＝6（日）である。よって，個数は，5×6＝30（個）

(4)右の図より，あめとガムを同じ個数買ったところで，380－120×2＝140（円）の差ができている。よって，あめの個数は，140÷20＝7（個）

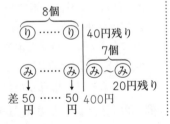

400＋40－20＝420（円）だから，1個のねだんは，420÷7＝60（円）である。よって，持っていったお金は，60×15＋20＝920（円）

(3)①お金が残ったということは，高いほうを多く買う予定だったということだからクッキーである。

②右の図より，多く買う予定だったクッキーを50円にすると，1個につき30円残るから，あめを予定より90÷30＝3（個）多く買うことになる。よって，クッキーとあめを同じ数ずつ買った代金は1410－（50×3＋90）＝1170（円）で，あめは1170÷（50＋80）＝9（個）の予定であった。

(4)A君がB君と同じ個数を買ったときの代金は，B君の方が，480＋320＝800（円）高くなっている。パンとケーキ1個の差は80円だから，B君が買った個数は，800÷80＝10（個）となる。よって，パンの個数は，10＋4＝14（個）

2 (1)右の図より，小1個のねだんは，（300－20）÷4＝70（円）だから，持っていったお金は，70×19＋20＝1350（円）

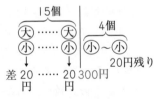

(3)予定よりも300円高くなったので，えん筆のほうを多く買う予定だったことになる。えん筆1本をボールペン1本にかえると，1本につき50円高くなるから，ボールペンを予定より，300÷50＝6（本）多く買うことになる。これから，和差算により，（30＋6）÷2＝18（本）となる。

(4)赤玉と白玉を同じ回数取り出したところで，全体の差は12個ということだから，取り出す個数の差2個が何回か分で12個になったということである。よって，取り出した回数は，12÷2＝6（回）で，赤玉の個数は，6×6＝36（個）

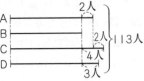

101 最上級レベル 13

☑解答

1 (1)B (2)30人

2 1162個

3 435

4 (1)30人 (2)7800円 (3)12人

解説

1 (1)右の図よりBとなる。

(2)113－2－4－3＝104（人）が，B4つ分になるので，Bの人数は，104÷4＝26（人）よって，いちばん多いCは，26＋4＝30（人）

2 はじめのりんごの数より210個多いものとして考える。1箱に24個ずつ入れていくと，10＋210＝220（個）余る。また1箱に26個ずつ入れていくと，箱の数が5箱増えているから，26×5－6＝124（個）余る。この220個と124個の差は24個入りと26個入りの差が集まってきたものであるから，箱の数は，（220－124）÷（26－24）＝96÷2＝48（箱）になる。よって，りんごの数は，24×48＋10＝1162（個）

3 小さい数を①とおくと，大きい数は⑱＋21となる。これから①をひくと⑰＋21となり，これが412であるから，①＝（412－21）÷17＝23よって大きい数は，23×18＋21＝435である。

4 (1)50－（4＋16）＝30（人）

(2)AとBの両方とも買ったときの代金は1人分で，300＋200＝500（円）だから，4人分で，500×4＝2000（円）よって，9800－2000＝7800（円）

(3)30人すべてがAを買ったとすると，代金の合計は，300×30＝9000（円）になるが実際には7800円だ

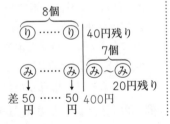

上級 レベル 100 文章題特訓 (5) (差集め算)

☑解答

1 (1)15個 (2)920円
(3)①クッキー ②9個 (4)14個

2 (1)1350円 (2)4000円 (3)18本
(4)36個

解説

1 (1)予定の個数を買ったところでは，110×2＋80＝300（円）余っている。1個の差は20円だから，予定した個数は，300÷20＝15（個）

(2)右の図より，りんごとみかんをどちらも8個買ったところで，50×8＝400（円）の差ができている。よって，みかん7個の代金は，

から，Bだけを買った生徒の数は，

(9000−7800)÷(300−200)=12(人)

102 最上級レベル ⑭

☑解答

1 200円
2 9まい
3 25680円
4 22人
5 (1)8きゃく以上 12きゃく以下
(2)長いす 12きゃく，生徒数 45人

解説

1 ノート1さつのねだんと，ボールペン1本とえん筆1本のねだんの合計が同じなので，ボールペン4本とえん筆3本のねだんが730円，ボールペン6本とえん筆7本のねだんが1270円になる。ボールペン1本のねだんを①，えん筆1本のねだんを1とすると，右のようになる。

④+3=730
⑥+7=1270
3倍 ⑫+14=2540 2倍
⑫+9=2190

よって，5=350 なので，えん筆1本は70円になる。

④+3=730 より，
④=520 なので，
ボールペン1本は130円となる。よって，ノートのねだんは，70+130=200(円) である。

2 (22+17)÷(8−5)=39÷3=13(人)
よって，クッキーのまい数は，5×13+22=87(まい)になる。これを13人に6まいずつ分けると，
87−6×13=9(まい) 余る。

3 22000円と12800円の差が70ポンドと20ポンドの差であるから，1ポンドは，

(22000−12800)÷(70−20)=9200÷50=184(円)
よって，Aさんがはじめに持っていたお金は，
22000+184×20=25680(円)

4 頭が1個で足が3本のうちゅう人をうちゅう人A，頭が3個で足が2本のうちゅう人をうちゅう人Bとする。全員がAだとすると，頭の数からAは38人で足の数は3×38=114(本)になるが，実際は58本である。この差はBがもっと多くいるからである。Bが1人増えると頭の数から，Aが3人減るので足の数は3×3−2=7(本)減ることになる。よって，Bの人数は，
(114−58)÷(3×3−2)=56÷7=8(人)となる。よって，Aの人数は，38−3×8=14(人)である。
したがって，合計で8+14=22(人)となる。

5 (1)1きゃくに3人ずつすわったときすわれない生徒数を1人から9人で考える。まず，すわれなかった生徒が1人だとすると，(5×3+1)÷(5−3)=16÷2=8(きゃく)になる。次にすわれなかった生徒が9人だとすると，(5×3+9)÷(5−3)=24÷2=12(きゃく)となる。よって，答えは8きゃく以上12きゃく以下。
(2)(1)より長いすの数は8きゃく以上12きゃく以下で考える。長いすの数が8きゃくのとき，4人ずつすわる場合を考えると，人数は(8−1)×4+1=29(人)以上，8×4−1=31(人)以下となる。しかし，5人ずつすわる場合を考えるとちょうど3きゃく余ることから，5×(8−3)=25(人)となり，人数が合わない。また，9きゃくのとき，4人ずつすわる場合を考えると，人数は(9−1)×4+1=33(人)以上，9×4−1=35(人)以下となるが，5人ずつすわる場合を考えると，5×(9−3)=30(人)となり人数が合わない。このように考えると下の表のようになる。

きゃく数	8	9	10	11	12
4人ずつ	29〜31	33〜35	37〜39	41〜43	45〜47
5人ずつ	25	30	35	40	45

表より，12きゃくで45人のときだけが正しくなる。

103 文章題特訓 (6) (濃度算)

☑解答

1 (1)10% (2)20g (3)60g
(4)188g (5)6%
2 (1)81g (2)87.5g (3)25g
(4)22.7%

解説

1 濃さの問題でよく使われる次の式を覚えておこう。とくに，②の食塩の重さを求める式はよく使う。
① 濃さ＝食塩の重さ÷食塩水の重さ
② 食塩の重さ＝食塩水の重さ×濃さ
③ 食塩水の重さ＝食塩の重さ÷濃さ
(1)30÷(30+270)=0.1=10%
(2)濃さは小数になおして計算する。
500×0.04=20(g)
(3)3÷0.05=60(g)
(4)6%の食塩水の重さは，12÷0.06=200(g)になるので，水は，200−12=188(g) 必要である。
(5)8%の食塩水600gには，600×0.08=48(g) の食塩がとけている。よって，濃さは，
48÷(600+200)=0.06=6%

2 (1)15gの食塩がとけた100gの食塩水の濃さは，15÷100=0.15=15% である。15%の食塩水540gをつくるためには，540×0.15=81(g) の食塩が必要である。
(2)食塩水の重さは，15÷0.08=187.5(g) となるので，187.5−100=87.5(g) の水を加える。
(3)水をじょう発させたあとの食塩水の重さは，15÷0.2=75(g) となるので，じょう発させる水は，100−75=25(g) である。
(4)食塩水の重さも変わることに注意する。
(15+10)÷(100+10)=0.2272…→22.7%

解答

■1 (1) 6.8 % (2) 7.6 % (3) 8 %
(4) 400 g (5) 40 g

■2 (1) 3 % (2) 5.2 % (3) 360 g

■3 (1) 100 g (2) 14 %

解説

■1 (1) 5 % の食塩水 40 g にとけている食塩は，
40×0.05＝2(g)，8 % の食塩水 60 g にとけている
食塩は，60×0.08＝4.8(g) だから，2つを合わせた
食塩水の濃さは，
(2+4.8)÷(40+60)＝0.068＝6.8 %

(2) 6 % の食塩水 300 g にとけている食塩は，
300×0.06＝18(g)，10 % の食塩水 200 g にとけ
ている食塩は，200×0.1＝20(g) だから，2つを合
わせた食塩水の濃さは，
(18+20)÷(300+200)＝0.076＝7.6(%)

(3) 5 % の食塩水 200 g にとけている食塩は，
200×0.05＝10(g) である。7 % の食塩水の重さは，
600 g だから，これにとけている食塩は，
600×0.07＝42(g) である。よって，400 g の食塩
水にとけていた食塩は，42−10＝32(g) である。よ
って，濃さは，32÷400＝0.08＝8 %

□%	+	5%	→	7%
食塩水 400g	+	200g	→	600g
食塩 ○g	+	200×0.05 =10(g)		600×0.07 =42(g)

(4) 計算だけではむずかしい
ときは，面積図を利用する
と便利である。
右の図で，長方形のたては
濃さ，横は食塩水の重さを
表している。長方形の面積が食塩の重さを表すことにな

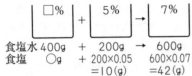

る。図のアの長方形とイの長方形の面積は等しくなる。
よって，6×200＝3×○ より，○＝400

(5) 4 % の食塩水 250 g にとけている食塩は，
250×0.04＝10(g)，8 % の食塩水 150 g にとけて
いる食塩は，150×0.08＝12(g) だから，2つを合わ
せた食塩水には，22 g の食塩がとけている。よって，
5 % の食塩水の重さは，22÷0.05＝440(g) となる
から，加える水は，440−(250+150)＝40(g)

■2 (1) 5 % の食塩水 300 g にとけている食塩の量は，
300×0.05＝15(g) である。よって，500 g の食塩
水の濃さは，15÷500＝0.03＝3 %

(2) 2 % の食塩水 180 g にとけている食塩は，
180×0.02＝3.6(g)，10 % の食塩水 120 g にとけ
ている食塩は，120×0.1＝12(g) だから，2つを合
わせた食塩水の濃さは，
(3.6+12)÷(180+120)＝0.052＝5.2 %

(3) 面積図を利用する。右の
図のアの長方形とイの長方
形の面積は等しくなる。よ
って，4×○＝12×120
より，○＝360

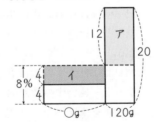

■3 (1) 18 % の食塩水 200 g にとけている食塩は，
200×0.18＝36(g) である。よって，加える予定だっ
た水は，36÷0.12−200＝100(g)

(2) 6 % の食塩水 100 g にとけている食塩は，
100×0.06＝6(g) だから，食塩水の濃さは，
(36+6)÷(200+100)＝0.14＝14 %

解答

❶ (1) 960 円 (2) 575 円 (3) 1680 円
(4) 960 円 (5) 2000 円

❷ (1) 2300 (2) 2000 (3) 2380
(4) 800 (5) 975

解説

❶ 売買の問題でよく使われる次の式を覚えておこう。
① 定価＝仕入れね×(1+利益の割合)
② 売りね＝定価×(1−割引く割合)
③ 利益＝売りね−仕入れね

(1) 800×(1+0.2)＝960(円)

(2) 500×(1+0.15)＝575(円)

(3) 2400×(1−0.3)＝1680(円)

(4) 仕入れね×(1+0.25)＝1200 だから，
仕入れねは，1200÷1.25＝960(円)

(5) 仕入れね×(1+0.45)＝2900 だから，
仕入れねは，2900÷1.45＝2000(円)

❷ (1) 定価×(1−0.35)＝1495 だから，定価は，
1495÷0.65＝2300(円)

(2) 定価×(1−0.25)＝1500 だから，定価は，
1500÷0.75＝2000(円)

(3) 285 円の利益があったので，売りねは，
1500+285＝1785(円) である。よって，
定価×(1−0.25)＝1785 となるから，定価は，
1785÷0.75＝2380(円)

(4) 仕入れね×(1+0.25)＝1000 だから，仕入れねは，
1000÷1.25＝800(円)

(5) 1500×(1−0.35)＝975(円)

上級 レベル 106 文章題特訓 (7) (売買算)

☑解答

❶ (1) 2400円　(2)① 260円　② 17円
(3) 4 %

❷ (1) 640円　(2) 4125円　(3) 750円
(4) 8 %　(5) 600円

解説▶

❶ (1)仕入れねの 2 割(わり)の利益(りえき)があるためには，
1800×(1+0.2)=2160(円) で売らなければならない。よって，定価(ていか)×(1−0.1)=2160 となるから，定価は，2160÷0.9=2400(円)
(2)① 100−24=76(個) は 1 個 25 円で売ったので，売り上げは，25×76=1900(円)，24 個は，1 個 25−10=15(円) で売るので，15×24=360(円) だから，売り上げ合計は，1900+360=2260(円) である。よって，利益は，2260−20×100=260(円)
② 76 個分の利益は 5×76=380(円) だから，残りの 24 個分で，380−308=72(円) 損(そん)をしたことになる。よって 1 個あたりの損は 72÷24=3(円) だから，20−3=17(円) で売ったことになる。
(3)定価は，3500×(1+0.3)=4550(円) である。売りねは，4550×(1−0.2)=3640(円) となるので，利益は，3640−3500=140(円) である。よって，利益の割合は，140÷3500=0.04=4 %

❷ (1)定価の 4 割引きのねだんと 3 割引きのねだんの差が，32+64=96(円) だから，定価は，96÷(0.4−0.3)=960(円) である。よって，仕入れねは，960×(1−0.3)−32=640(円)
(2)原価(げんか)(仕入れね)の 1 割の利益があるためには，3000×(1+0.1)=3300(円) で売らなければならない。よって，定価×(1−0.2)=3300 となるから，定価は，3300÷0.8=4125(円) にすればよいことにな

る。

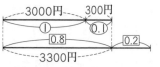

(3)売ったねだんは，仕入れねの 88 % ということだから，仕入れねは，550÷0.88=625(円) である。よって，20 % の利益をみこんだ定価は，625×(1+0.2)=750(円) となる。
(4)仕入れねを □1 とすると，定価は，□1×(1+0.35)=□1.35 となる。これを 2 割引きで売ると，売りねは，□1.35×(1−0.2)=□1.08 となる。よって，利益は，□1.08−□1=□0.08 だから，8 % の利益になる。

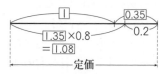

(5)12 個分の利益が 240 円だから，1 個分の利益は 20 円となる。また，仕入れねに予定の利益を加えたねだんが定価となる。問題の内容を線分図で表すと下のようになる。図より，0.1 が 80−20=60(円) にあたるので，定価は，60÷0.1=600(円)

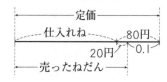

標準 レベル 107 文章題特訓 (8) (数列)

☑解答

❶ (1)① 18　② 28　(2)③ 27　④ 243
(3)⑤ 21　⑥ 34

❷ (1) 101　(2) 1530　(3) 31 番目

❸ (1) 2015　(2) 58 番目

❹ (1) 88　(2) A 組の上から 30 だん目

解説▶

❶ あるきまりにしたがって，数を順にならべたものを数列(すうれつ)という。
(1)5 ずつ増(ふ)えていく数列になっている。
① 13+5=18　② 23+5=28
(2)前の数を 3 倍した数列になっている。
③ 9×3=27　④ 81×3=243
(3)前の 2 つの数の和がならぶ数列になっている。
⑤ 8+13=21　⑥ 13+21=34

❷ 同じ数ずつ増えていく(前の数との差が等しい)数列を等差数列(とうさすうれつ)という。等差数列でよく使われる次の式を覚えておこう。
　① □ 番目の数=最初の数+等しい差×(□−1)
　② □ 番目までの和
　　=(最初の数+最後の数)×個数÷2
(1)10 から始まり，7 ずつ増えていく等差数列である。
14 番目の数は，10+7×(14−1)=101
(2)20 番目の数は，10+7×(20−1)=143 だから，20 番目までの和は，(10+143)×20÷2=1530 である。
(3)10+7×(□−1)=220 だから，□−1=30 である。よって，□=31

❸ (1)35 から始まり，2 ずつ増えていく等差数列である。よって，95 は，35+2×(□−1)=95 より，□=31 になる。よって，求める和は，

$(35+95)\times31\div2=2015$

(2) $(1, 2)$, $(1, 2, 3)$, $(1, 2, 3, 4)$, ……と区切る。

4 が出てくるのは, 右はしの数が, 4, 5, 6, 7, 8, 9, 10, 11, ……のときだから, 8 回目に 4 が出てくるのは, 右はしが 11 のときである。区切りごとの個数は 2, 3, 4, 5, ……となるので, 右はしが 10 になるところまでの個数は,

$2+3+……+10=(2+10)\times9\div2=54$（個）

よって, その次の区切りの, 4 番目だから,

$54+4=58$（番目）

❹ (1) E 組の上から 18 だん目は, $5\times18=90$ となる。よって, C 組の上から 18 だん目は, 90 から左へ 2 つもどった 88 である。

(2) $5\times29=145$ だから, E 組の上から 29 だん目が 145 である。よって, 146 は, A 組の上から 30 だん目となる。

上級レベル**108** **文章題特訓 (8) (数列)**

☑解答

❶ (1) $\dfrac{8}{7}$　(2)① $\dfrac{35}{3}$　② 7 個

❷ (1) 291　(2) 32 だん目

❸ (1) 267　(2) 17 行目, 14 番目

❹ (1) 64　(2) 13 番目

解説

❶ (1) この数列を次のように区切る。

$\dfrac{1}{1}, \left|\dfrac{1}{2}, \dfrac{2}{1}\right|, \dfrac{1}{3}, \dfrac{2}{2}, \dfrac{3}{1}, \left|\dfrac{1}{4}, \dfrac{2}{3}, \dfrac{3}{2}, \dfrac{4}{1}\right|, \dfrac{1}{5}, \dfrac{2}{4},$

区切りごとの個数は, 1, 2, 3, 4, ……となる。

$1+2+3+4+……+○$ が 99 をこえない最も近い数になるのは, $○=13$ のときで, $(1+13)\times13\div2=91$ で, よって, 99 番目の分数は, 14 番目の区切りの左から 8 番目にあり, いちばん左の分数の分母は 14 だ

から, 99 番目の分母は 7, 分子は 8

(2)① この数列を次のように 5 つごとに区切る。

$\dfrac{1}{1}, \dfrac{3}{2}, \dfrac{5}{3}, \dfrac{7}{4}, \dfrac{9}{5}, \left|\dfrac{11}{1}, \dfrac{13}{2}, \dfrac{15}{3}, \dfrac{17}{4}, \dfrac{19}{5}, \right|\dfrac{21}{1}, \dfrac{23}{2},$ ……

$18\div5=3$ あまり 3 だから, 18 番目の分数の分母は 3 である。また, 分子には奇数が 1 から順にならんでいるので, 18 番目の奇数は, $2\times18-1=35$

② $25\div5=5$ から, 分母が同じものが 5 個ずつあるが, 分子が奇数なので, 分母が偶数の分数は, 整数にはならない。分母が 1 のときは, 5 個とも整数である。分母が 3 のときは, 分子が 15 と 45 の分数が整数になる。分母が 5 のときは, 整数はない。よって, 全部で 7 個ある。

❷ (1) いちばん右側の数に注目する。

いちばん右側の数は, $1=1\times1$, $4=2\times2$, $9=3\times3$, $16=4\times4$, ……となり, □だん目の数が, $□\times□$ となっている。よって, 17 だん目の右のはしの数は, $17\times17=289$ だから, 291 となる。

(2) □だん目の数は $□\times□$ となるので,

31 だん目のいちばん右の数は, $31\times31=961$

32 だん目のいちばん右の数は, $32\times32=1024$ から, 1000 は 32 だん目にあることがわかる。

❸ (1) 上から 23 行目の左はしの数は,

$1+2+3+……+23=(1+23)\times23\div2=276$ なので, 23 行目の左から 10 番目の数は $276-9=267$

(2) $1+2+3+……+16=(1+16)\times16\div2=136$ だから, 140 は 17 行目の左から 14 番目になる。

❹ (1) いちばん右上すみの数に注目する。

□番目のいちばん右上すみの数は数表の最大の数で, $□\times□$ となっている。よって, $8\times8=64$

(2) $12\times12=144$, $13\times13=169$ より, 13 番目の数表となる。

標準レベル**109** **文章題特訓 (9) (推理)**

☑解答

❶ (1)① B　② C と D

　 (2)① C　② 1 番 C, 2 番 A, 3 番 B

❷ (1) B　(2) C, B, A, D, E　(3) H

解説

❶ (1) 条件を線上に表すと下のようになる。

低 ———A——E——C——B——— 高
　　　　　　　　D

これから, いちばん高いのは B とわかる。また, C と D の高低はこれだけではわからない。

(2) A がうそを言っているとすると, 本当は 2 番ではないということだから, 2 番がいなくなりおかしい。B がうそを言っているとすると, 本当は 2 番ということになり, おかしい。C がうそを言っているとすると, 本当は 3 番ではないということになり, A が 2 番, B が 3 番, C が 1 番と決まる。

❷ (1) 日直は 1 人だから, B か D かどちらかがうそを言っていることになる。D がうそを言っているとすると, B の発言から A が日直となる。すると, A の発言と合わなくなるので, D は正しく, B がうそを言っていることになる。

(2) 条件を図に表そうとすると, (A, C) と (B, D, E) の 2 つのグループに分かれることがわかる。

B, D, E のグループを左から早い順に表そうとすると右の図のようになり, この 3 人のだれかがまちがっていることがわかる。

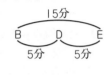

A と C は正しいので, C－□－A－□－□ のあいている所に, B, D, E を入れて, 登校した順は, C, B, A, D, E の順となる。

(3) (ア)と(ウ)から, A は 2 勝して H に負けているので, ⑦ の決勝戦は A と H の対戦である。⑦に出てくるのは,

左半分の勝者と右半分の勝者なので，左右に分けたとき，Aと対戦したG，Dと，Gと対戦したFは同じ側だから，A，D，F，Gは同じ側にいたことになり，これはCのいない左側である。右側は，残りのB，C，E，Hである。(イ)から，EはBに勝っているが，この試合が⑥だとすると，Hが⑦に出られないので，⑥ではない。よって，この試合は③で，右側の残り2チームCとHが④で対戦している。

上級レベル 110 文章題特訓（9）（推理）

☑解答

1 (1)D，B，C，A　(2)B
(3)A 黒　B 黒　C 赤

2 (1)B
(2)A ハムスター，モモ　B ウサギ，ココ
C ネコ，ミミ　D イヌ，ナナ

解説

1 (1)Bは2番以内になったので，1番か2番である。これと，DがBに勝ったことから，Dが1番，Bが2番と決まる。すると，Cは3番か4番で，Aに勝ったので3番である。
(2)CはAに負けているので，残りのBとDには勝ったことになる。条件を表で表すと，右のようになり，AはBに負けたことがわかる。

	A	B	C	D
A		×	○	○
B	○		×	×
C	×	○		○
D	×	○	○	

(3)もし，Aが赤をもらったのなら，あとの2人は黒だとすぐにわかるはずである。よって，Aのもらったのは黒である。これと同じように，Bが赤をもらったのなら，Aの答えを聞く前に，あとの2人は黒だとわかるはずである。よって，Bがもらったのも黒になる。

2 (1)Cが当たりだったとすると，A，C，D，Eの4人がうそを言っていることになるが，これは条件に合わないので，Cははずれである。これから，Aが本当のことを言っていることがわかる。Cがうそを言っているとすると，当たりはDだが，このとき，A，D，Eの3人が本当のことを言っていることになり，条件に合わない。よって，Cは本当のことを言っていることになる。以上より，本当のことを言っている2人がAとCに決まる。すると，Eの「BとCははずれ」のうち，「Bははずれ」の部分がうそになるので，当たったのはBとわかる。
(2)Cが飼っているのは②，③より，イヌでもハムスターでもない。また，⑤より，Cが飼っているのはウサギでもない。よって，Cはネコを飼っていて，その名前はミミである。

C　ネコ － ミミ

②より，Dのペットの名前はモモではなく，Cからミミでもない。また，⑤より，ココでもない。よって，Dのペットの名前はナナになる。

D　イヌ － ナナ

④より，Bのペットはモモではないので，ココになる。よって，Bはウサギを飼っている。

B　ウサギ － ココ

残りのAは，ハムスターでモモになる。

111 最上級レベル ⑮

☑解答

1 (1)15g　(2)4 %
2 (1)A 250円　B 220円　(2)14 個
3 (1)206円　(2)165 まい
4 (1)2 ポイント　(2)1 ポイント

解説

1 (2)混ぜるようすを図で表すと右のようになる。

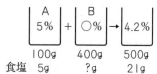

Aから取り出した食塩水100gの濃さは5%なので，その中に入っている食塩の量は，100×0.05=5(g)である。混ぜた後の食塩水は，4.2%で500gだから，その中に入っている食塩の量は，500×0.042=21(g)である。よって，最初のBに入っていた食塩は，21−5=16(g)である。よって，その濃さは，16÷400=0.04=4 %

2 (1)商品Aの定価を①，商品Bの定価を□とすると，

⓪.92＋□.1＝472
①＋□＝470 （100倍）
⑨2＋□10＝47200 （92倍）
⑨2＋⑨2＝43240

これから，□8＝3960　□＝220
よって，①＝250
(2)Aの4個分の売りねは250×0.92×4=920(円)で，売り上げの合計からひくと，4430−920=3510(円)，A2個とB1個の売りねの合計は，250×0.92×2+220×1.1=460+242=702(円)　3510円はこれが何セットか集まった金額なので，A2個とB1個のセットが，3510÷702=5(セット)売れたことになる。よって，Aの売れた個数は，2×5+4=14(個)である。

3 (1)次のようなグループ分けをして考える。
①⑤⑩｜①①⑤⑩｜①①①⑤⑤⑩｜①①①⑤⑤⑩⑩｜①①…
すると，はじめのグループからの個数の和は，
3+4+5+6+… となり，これが42になるのは，
3+4+5+6+7+8+9=42 である。よって，求める
合計金額ははじめのグループから7グループまでの合計で，16+17+22+32+33+38+48=206（円）になる。
(2)525まいのこう貨をならべたとき何グループあるのかを考える。3+4+5+…+10+11+12=75 で，13から22までの和は175，23から32までの和は275となる。よって，75+175+275=525 より，30グループある。30グループまでに10円こう貨は，
1+1+1+2+2+2+3+3+3+4+…+9+9+9+10+10+10=3+6+9+12+15+18+21+24+27+30=165（まい）ある。

4 (1)(2)1位のチームは7ポイントなので2勝1分けで2位のチームは6ポイントで2勝1敗である。このことから次の表がわかる。横のチームがたてのチームと対戦して，勝てば○，引き分けなら△，負けなら×とする。問題から△は2つになるので，

	1位	2位	3位	4位
1位		○	△	○
2位	×		○	○
3位	△	×		△
4位	×	×	△	

対戦の結果は上の場合しかない。よって，3位のポイント数は 1+1=2（ポイント），4位は1ポイントである。

---

112 最上級レベル 16

解答

1 (1)5g (2)6%

2 (1)25%引き (2)2500円

3 (1)50 (2)10101

4 さいごまでがんばれ

解説

1 (2)最初に，5%の食塩水50gと8%の食塩水100gを混ぜる。Aから取り出した50gの濃さは5%なので，その中に入っている食塩の量は，50×0.05=2.5（g）である。Bの食塩水に入っている食塩は，100×0.08=8（g）である。よって，これらを混ぜたあとの食塩水の濃さは，
(2.5+8)÷(50+100)=0.07=7% となる。次は，7%の食塩水50gとAに残っていた5%の食塩水50gを混ぜることになる。7%の食塩水50gに入っている食塩は，50×0.07=3.5（g）だから，最終的に，Aの濃さは，(2.5+3.5)÷(50+50)=0.06=6%

2 (1)定価の合計は，200000×(1+0.4)=280000（円）となり，これの80%が売れたので，280000×0.8=224000（円）の売り上げがあった。残りは 280000−224000=56000（円）分で，これを何%か引くと，
66000−(224000−200000)=42000（円）になる。よって，42000÷56000=0.75 より，1−0.75=0.25=25% だから25%引き。
(2)仕入れねがわからないので，これを①とする。定価は，①×(1+0.2)=1.2 となる。それを1割5分引きで売ったので，売りねは，1.2×(1−0.15)=1.02 となる。よって，利益は，1.02−①=0.02 で，これが50円にあたるので，仕入れねは，50÷0.02=2500（円）

3 (1)1番目の右下の数と左下の数の差は 3−2=1 で，

2番目の右下の数と左下の数の差は，7−5=2 で，これから□番目の右下の数と左下の数の差は□となる。よって，50番目の右下の数と左下の数の差は50である。
(2)1番目の右上の数は4で，2番目の右上の数は9で，3番目の右上の数は16，…だから，□番目の右上の数は (□+1)×(□+1) と表せる。よって，□番目の右下の数は，(□+1)×(□+1)−□ となる。100番目の右下の数は，101×101−100=10101

4 書いてある文字から左へ2つもどって読めばよい。「き」の場合は，左へ1つもどると「か」，「か」の左はないので「こ」へもどる。

113 仕上げテスト ①

☑解答

☆1 (1) 0.105　(2) 16　(3) $1\frac{5}{12}$　(4) $\frac{11}{60}$

☆2 (1) 33, 68　(2) 1360 円　(3) 230 円
　(4) 32.5 kg　(5) 600 g　(6) 16.2 L

☆3 (1) ア 30°　イ 60°
　(2) イが 0.4 cm² 広い　(3) 21 個

解説

☆1 (1) $0.2-0.095=0.105$

(2) $27.2-17.6+6.4=16$

(3) $3\frac{3}{4}-\frac{5}{2}+\frac{1}{6}=3\frac{9}{12}-\frac{30}{12}+\frac{2}{12}=1\frac{5}{12}$

(4) $\frac{1}{3}+\frac{3}{10}-\frac{9}{20}=\frac{20}{60}+\frac{18}{60}-\frac{27}{60}=\frac{11}{60}$

☆2 (1) 求める数に 2 を加えると、5 でも 7 でもわりきれるから、求める数は、5 と 7 の公倍数から 2 をひいた数になる。5 と 7 の最小公倍数は 35 だから、$35-2=33$，$35\times2-2=68$ の 2 つになる。

(2) 妹の持っているお金を①とすると、よしお君は、③$+40$（円）となる。よって、①$+$③$+40=1800$ より、①$=440$，$1800-440=1360$（円）

(3) みかん 1 個のねだんを①とすると、りんご 1 個のねだんは④$+10$（円）となる。よって、④$+10+$①$=285$ より、①$=55$
よって、りんご 1 個は、$285-55=230$（円）

(4) 男子の体重の合計は、$31.5\times16=504$（kg）
女子の体重の合計は、$33.3\times20=666$（kg）
よって、$(504+666)\div36=32.5$（kg）

(5) 20 % の食塩水 400 g には、$400\times0.2=80$（g）の食塩がとけている。8 % の食塩水は、$80\div0.08=1000$
（g）となるので、$1000-400=600$（g）

(6) $20\times30\times(35-8)=16200$（cm³）→ 16.2 L

☆3 (1) 右の図で三角形 AEB は二等辺三角形だから、アは、
$180°-75°\times2=30°$
三角形 AED も二等辺三角形だから、
角 ADE$=(180°-120°)\div2=30°$
よって、イは $90°-30°=60°$

(2) 重なる部分をウとすると、イとアの差は、
（イ$+$ウ）と（ア$+$ウ）の差になる。よって、イとアの差は、
$12\times6.2\div2-8\times9.2\div2=0.4$（cm²）

(3) 1 辺が 1 cm と 2 cm のひし形がある。もれがないように数えよう。

114 仕上げテスト ②

☑解答

☆1 (1) 20.7 余り 0.347　(2) $5\frac{17}{48}$

(3) $2\frac{11}{20}$　(4) $2\frac{1}{2}$

☆2 (1) $\frac{42}{66}$　(2) 800 円

☆3 (1) 442 人　(2) 102 人

☆4 (1) 4 cm　(2) 120°　(3) 50 cm²
　(4) 20 cm

解説

☆1 (1)

```
          2 0.7
3.59.)7 4 6 6.0
      7 1 8
      2 8 6 0
      2 5 1 3
        0.3 4 7
```

(4) $\frac{1}{4}+\frac{3}{8}+1\frac{7}{8}=\frac{2}{8}+\frac{3}{8}+1\frac{7}{8}=1\frac{12}{8}=2\frac{1}{2}$

☆2 (1) もとの分母と分子の差 24 が、$11-7=4$ になったので、$24\div4=6$ で約分したことになる。
よって、もとの分数は、$\dfrac{7\times6}{11\times6}=\dfrac{42}{66}$

(2) 右の図から、ノート 1 さつのねだんは、
$(40+80)\div(7-6)$
$=120$（円）となる。
よって、持っていったお金は、$120\times7-40=800$（円）

☆3 (1) 153 人が全校生徒の 18 % なので、全校生徒は、$153\div0.18=850$（人）そのうち中学生が 52 % なので、中学生は、$850\times0.52=442$（人）

(2) 高校生の生徒数は、$850\times(1-0.52)=408$（人）で、そのうち 153 人が虫歯だから、虫歯がない高校生は、$408-153=255$（人）である。これが虫歯がない中学生の 75 % にあたるから、虫歯がない中学生は、$255\div0.75=340$（人）
(1) より、虫歯がある中学生は、$442-340=102$（人）

☆4 (1) 台形の上底と下底の長さの和は、$54\times2\div9=12$（cm）差が 4 cm だから、和差算より、上底の長さは、$(12-4)\div2=4$（cm）

(2) AE と CD が平行だから、角 E$=180°-60°=120°$
BC と ED が平行だから、角 C$=180°-60°=120°$
また、五角形の内角の和は、$180°\times(5-2)=540°$ だから、角 B$=540°-(120°\times3+60°)=120°$

(3) 色のついた 4 つの直角三角形の面積をたす。4 つの直角三角形の面積は、
$3\times3\div2=4.5$（cm²），$3\times7\div2=10.5$（cm²）が 2 つ、
$7\times7\div2=24.5$（cm²）だから、求める面積は、
$4.5+10.5\times2+24.5=50$（cm²）

(4) 直方体 B の体積は、$4\times4\times15=240$（cm³）だから、A に入れたときの高さは、$240\div(6\times8)=5$（cm）である。これが A の高さの 25 % だから、もとの高さは、
$5\div0.25=20$（cm）

115 仕上げテスト ③

☑解答

❶ (1) 3　(2) 6.7　(3) $2\frac{7}{24}$　(4) 2

❷ (1) 1500 円　(2) 7 回目　(3) 6 束
　(4) 12 %　(5) 32.5 kg

❸ (1) 90°　(2) 16 cm²
　(3) 35 本　(4) 162 cm³

解説

❶ (1) 72÷(42−30)×0.5=3
(2) 2.2+4.5=6.7
(3) $6\frac{21}{24}-1\frac{18}{24}-2\frac{20}{24}=2\frac{7}{24}$
(4) $\frac{11}{11}+\frac{13}{13}=1+1=2$

❷ (1) りんご 1 個のねだんを①とすると，メロン 1 個の
ねだんは⑧+60(円) となる。
よって，①+⑧+60=1680 より，①=180(円)
よって，180×8+60=1500(円)
(2) 右の面積図を利用する。
色のついた部分の長方形の面
積は等しいので，
3×○=18×1，○=6
よって，6+1=7(回目)

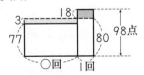

(3) 42 と 54 の最大公約数は 6 なので，赤を 7 まいず
つ，青を 9 まいずつ入れて 6 束できることになる。
(4) 25 g を取り出したあとの食塩水の濃さは 16 % で
変わらない。よって，75 g の食塩水には，
75×0.16=12 g の食塩がとけている。よって，
12÷100=0.12=12 %
(5) (A+B)+(A+C)−(B+C)
=63.3+61.7−60=65 だから，
A は，65÷2=32.5(kg)

---

❸ (1)角 A=60° だから，角 DAC=35°
角 DEC は三角形 ADE の外角だから，35°+55°=90°
(2)色のついた部分は，正六角形の $\frac{1}{3}$ になる。
(3)□角形の対角線の本数は，□×(□−3)÷2 で求める
ことができる。
角 A=180°−72°×2=36° だから，A のまわりにす
きまなく並べていくと，360÷36=10(まい) ならべ
ることができ，正十角形になる。よって，対角線の本数
は，10×(10−3)÷2=35(本)
(4)表面は，上と下で 10 面，まわりの 4 方向から
4×4=16(面) の合計 26 面である。よって，1 つの
面の面積は，234÷26=9(cm²)　これから，立方体の
1 辺は 3 cm となるので，立体の体積は，
3×3×3×6=162(cm³)

116 仕上げテスト ④

☑解答

❶ (1) 1000　(2) 12.43　(3) $1\frac{47}{60}$　(4) $2\frac{1}{6}$

❷ (1) 238 まい　(2) 0.9 kg
　(3) 7 勝 10 敗 3 引き分け
　(4) 118

❸ (1) ア 50°　イ 70°　(2) 1 cm
　(3) 76500 cm³　(4) 600 cm³

解説

❶ (1) 1000×501−1000×499−501−499
=1000×(501−499)−1000
=1000×2−1000=1000

❷ (1) 204 と 168 の最大公約数は 12 だから，正方形
の 1 辺は 12cm となる。よって，
(204÷12)×(168÷12)=17×14=238(まい)

---

(2)鉄のぼう 1 m の重さは，2.4÷0.8=3(kg) である。
よって，30 cm=0.3 m の重さは，
3×0.3=0.9(kg) となる。
(3) 2 人の点数の合計は，24+33=57(点) である。
20 回のゲームで引き分けがないとすると，2 人の合計
点数は，3×20=60(点) になるはずであるが，実際に
は引き分けがあるので 57 点である。1 回の引き分けで
2 人がもらえる点数の合計は，3−1×2=1(点) 少な
くなるので，引き分け数は，
(60−57)÷(3−2)=3(回) である。よって，たろう君
の勝ち数は，(24−3)÷3=7(回)，負け数は，
20−3−7=10(回) となる。
(4) 4 から始まって，6 ずつ増えている数列である。20
番目までに 6 が 19 回分増えるので，20 番目の数は，
4+6×19=118

❸ (1)折り目をはさむ角度は等しいので，
イ=(180°−40°)÷2=70°
(2)台形の面積は，(6+4)×4÷2=20(cm²) だから，
三角形 EDC の面積は 10 cm² である。よって，
ED=10×2÷4=5(cm) となる。よって，
AE=6−5=1(cm)
(3) 20×20×15=6000，60×80×15=72000
10×10×15=1500，
6000+72000−1500=76500(cm³)
(4) 3 L=3000 cm³ 分の水の
高さが 25 cm になるので，
容器の底面積は，
3000÷25=120(cm²)
である。よって，石の体積は，
120×20−1800=600(cm³)

117 仕上げテスト ⑤

☑解答

⭐ (1) 3.4　(2) $\dfrac{1}{2}$　(3) $\dfrac{25}{42}$　(4) 13.8

⭐ (1) 53 個　(2) 10 箱　(3) 1.08 m
　　(4)① 11 時 45 分　② 22.5°

⭐ (1) 50°　(2) 62.8 cm
　　(3)① 1440 cm³　② 7.5 cm

解説

⭐ (1) 3 の倍数は，100÷3=33.33… より 33 個，
5 の倍数は，100÷5=20(個)，15 の倍数は，
100÷15=6.66… より 6 個
よって，3 または 5 でわりきれる数は，33+20-6
=47(個) だから，3 でも 5 でもわりきれない数は，
100-47=53(個)

(2) つるかめ算である。全部 1 箱 5 個入りを買ったとす
ると，おかしの個数は，5×16=80(個) になる。実際
との差である 80-70=10(個) は，4 個入りと 5 個
入りの差の集まりになる。よって，4 個入りの箱は，
(80-70)÷(5-4)=10(箱)

(3) 1 回目は，3×0.6=1.8(m)，2 回目は 1.8 m の
0.6 倍だから，1.8×0.6=1.08(m)

(4)① 360÷120=3 だから，すいみん時間は，
24÷3=8(時間) よって，夜ねたのは，7 時 45 分か
ら 8 時間前の 11 時 45 分である。
② 1 時間の角度は，120°÷8=15° になるので，
15°×1.5=22.5°

⭐ (1) 60° の左側の角の大きさは，100°-60°=40° に
なる。よって，ア=90°-40°=50°

(2) 半径 10 cm の円の円周の長さと同じになる。
10×2×3.14=62.8(cm)

(3)① ア=ウ×1.5 なので，ウ×ウ×1.5=96 より，

ウ×ウ=64 だから，
ウ=8 cm，ア=12 cm，イ=120÷8=15(cm) となる。
よって，容積は，12×15×8=1440(cm³)
② 水の体積は，12×15×5=900(cm³) だから，底面
積が 120 cm² としたときの深さは，
900÷120=7.5(cm)

118 仕上げテスト ⑥

☑解答

⭐ (1) 2.6　(2) 6800　(3) $\dfrac{35}{72}$　(4) $\dfrac{41}{45}$

⭐ (1) 6 個　(2) 80 円　(3) 3.6 kg
　　(4) 150 人　(5) 4500 円

⭐ (1) 65°　(2) 12 cm　(3) 22.5 cm²
　　(4)① 3850 L　② 80 dL

解説

⭐ (1) 3 と 5 の最小公倍数は 15 だから，公倍数は 15
の倍数になる。1 から 300 までに，15 の倍数は，
300÷15=20(個)，1 から 400 までに，15 の倍数は，
400÷15=26.66… より 26 個 だから，
26-20=6(個) ある。

(2) みかん 1 個のねだんを①，りんご 1 個のねだんを□
とする。
⑤+□7=1800…ア，⑥+□8=2080…イ
アの式を 8 倍，イの式を 7 倍してりんごの個数をそろ
えると，㊵+□56=14400，㊷+□56=14560 となるの
で，みかん 2 個分が 160 円となる。よって，みかんは，
160÷2=80(円)

(3) 1 人 75 g ずつの 12 人分，75×12=900(g) が，
4 人分になったのだから，1 人分は，900÷4=225
(g) である。よって，225×16=3600(g)=3.6(kg)

(4) 学年全体でむし歯のない児童は，100-8=92(%)

だから，学年全体の児童数は，138÷0.92=150(人)
(5) 利益が 600 円だから，売りねは 3600 円だったこ
とになる。よって，定価×0.8=3600 より，
定価は，3600÷0.8=4500(円)

⭐ (1) 角 CAD=25° より，角 ACB=50° だから，
ア=(180°-50°)÷2=65°

(2) BC は 7.5 cm だから，平行四辺形と見て，面積は，
7.5×7.2=54(cm²)
これを，ひし形と見ると，9×BD÷2=54 だから，
BD=54×2÷9=12(cm)

(3) 四角形 ABDE は台形だから，面積は，
(6+3)×9÷2=40.5(cm²) である。よって，三角形
ACE の面積は，40.5-(3×6÷2)×2=22.5(cm²)

(4) 1 L=1000 cm³
① 150×140×100+50×140×250
=3850000(cm³)→3850 L
② B の 110 ぱい分の水は，30×30×30×110
=2970(L)
よって，A 1 ぱい分の水は，
(3850-2970)÷110=8(L) → 80 dL

解答

★1 (1) $\frac{5}{9}$　(2) 3800　(3) 6.5　(4) 0.55

★2 (1) 110円　(2) 96点
　　(3)① 200g　② 15%　(4) 6割

★3 ア 21°　イ 69°

★4 75.36 cm

★5 (1) 50 cm　(2) 30 L

解説

★1 (2) 380と38を3.8にそろえる。
3.8×270+3.8×980−3.8×250
=(270+980−250)×3.8=1000×3.8=3800

★2 (1)ボールペン1本のねだんを①, 消しゴム1個のねだんを $\boxed{1}$ とすると, ⑤+$\boxed{2}$=730, ①=$\boxed{1}$+20 となる。
これから, ⑤+100+$\boxed{2}$=730 となる。⑦=630 より, $\boxed{1}$=90　よって, 90+20=110(円)
(2)4教科の合計は, 86.5×4=346(点) なので, 算数と社会の和は, 346−82−90=174(点)
差が18点だから, 算数は, (174+18)÷2=96(点)
(3)① 9%の食塩水400gには, 食塩が,
400×0.09=36(g) とけている。よって, 6%の食塩水は, 36÷0.06=600(g) となるので, 加える水は, 600−400=200(g)
② 11%の食塩水は600gなので, この食塩水には, 600×0.11=66(g) の食塩がとけている。よって, 加えた200gの食塩水には, 66−36=30(g) の食塩がとけていたことになり, その濃さは,
30÷200=0.15=15%
(4)仕入れねは, 3000−500=2500(円), 定価は, 3000÷0.75=4000(円) である。よって, 定価で売ったときの利益は, 4000−2500=1500(円) になる。これは, 仕入れねの 1500÷2500=0.6=6割 であ

る。

★3 ア=(90°−48°)÷2=21°, イ=90°−21°=69°

★4 3.14は最後に計算する。
直径がABの半円部分は, 6×3.14÷2=3×3.14
直径がACの半円部分は, 14×3.14÷2=7×3.14
直径がBDの半円部分は, 18×3.14÷2=9×3.14
直径がCDの半円部分は, 10×3.14÷2=5×3.14
これより, 色のついた部分のまわりの長さは,
(3+7+9+5)×3.14=75.36(cm)

★5 (1)Bに入っていた水の量は, 30×40×1.25
=1500(cm³) となるので, Bに入っていた水の深さは, 1500÷(10×6)=25(cm)
よって, 容器の高さは 25×2=50(cm)
(2)40×30×25=30000(cm³)=30(L)

解答

★1 (1) 3.5　(2) 3　(3) $\frac{5}{8}$　(4) $\frac{31}{120}$

★2 (1) 4　(2) 60 kg　(3) DとE　(4) 6まい

★3 (1) 6.5 cm　(2)① 24 L　② 53分20秒

解説

★2 (1)計算すると, 1÷7=0.1428571428… と
142857の6つの数字がくりかえされる。
よって, 50番目は, 50÷6=8余り2 より, 4である。
(2)おととしの体重を $\boxed{1}$ とすると, 去年は, $\boxed{1}$×(1+0.05)=$\boxed{1.05}$, 今年は, $\boxed{1.05}$×(1−0.1)=$\boxed{0.945}$ となる。これが, 56.7kgにあたるので, おととしの体重は, 56.7÷0.945=60(kg)
(3)表から右の関係が
はっきりする。Dは,
Aに負け, Cには勝

C　E　A　B
(下位) ├──┼──┼──┤ (上位)
　　　　↑　↑
　　　　D　D

っているので, 前の図ではDとEの順位がわからない。
(4)1000まい全部運んだとすると, 15×1000
=15000(円) もらえる。ただし, 1まいこわすごとに, 15+300=315円 ずつ減っていくので, 実際との差, 15000−13110=1890(円) より,
1890÷315=6(まい) こわしたことになる。

★3 (1)三角形DGCと四角形ABEGの面積の差は,
三角形DEFと三角形ABCの差と同じになる。
三角形ABCの面積は, 6×4÷2=12(cm²) だから,
三角形DEFの面積は13cm²である。よって,
4×DF÷2=13 より, DF=6.5cm
(2)水面が上がっていく割合から考える。
Aだけのとき, 5分間に10cm上がっているので, 1分間に2cmずつ水面が上がる。
AとBを両方使ったとき, 20分間に70cm上がっているので, 1分間に3.5cm上がる。Aだけで2cm上がるので, Bだけでは 3.5−2=1.5(cm) 上がる。
BとCを使ったときは, 32分間に80cm下がっているので, 1分間に2.5cm下がるが, Bだけでは1.5cm上がるので, Cだけでは 2.5+1.5=4(cm) 下がることになる。
① Cは1分間に深さ4cm分の水を出すので,
60×100×4=24000(cm³) → 24L 出ている。
② 80÷1.5=53余り0.5 より, 0.5cm分を入れるには, 1.5÷0.5=3 より 60÷3=20(秒) かかるので,
53分20秒